像程序员一样使用MySQL

黄文毅 著

清華大學出版社
北京

内 容 简 介

熟练使用MySQL数据库，是研发工程师和数据库工程师的必备技能之一。本书从程序员的视角介绍了MySQL数据库在实际开发中的核心知识和应用技能。全书共14章。第1章主要讲解MySQL数据库以及客户端工具的安装；第2～4章主要介绍数据库与表的创建、数据类型与表达式，以及函数、运算符与变量；第5章主要讲解select查询语句、子查询以及连接查询；第6章主要讲解索引和索引类型；第7、8章主要介绍MySQL事务的ACID特性、事务的四种隔离级别、如何使用事务、存储过程和视图概述，以及如何使用存储过程和视图；第9章介绍MySQL用户权限管理以及数据备份与恢复；第10章介绍如何设计数据库，包括关联关系、E-R实体关系模型；第11～13章主要介绍MySQL日志、锁以及分库分表；第14章介绍SQL性能优化与字符集。附录部分包含本书用到的SQL脚本、词汇解释以及高频面试题。

本书适合所有计算机专业的学生、软件开发人员，以及DBA使用，也可作为培训机构MySQL教学的参考书。

图书在版编目（CIP）数据

像程序员一样使用 MySQL/黄文毅著. —北京：清华大学出版社，2023.7
ISBN 978-7-302-64207-7

Ⅰ. ①像… Ⅱ. ①黄… Ⅲ. ①SQL 语言－数据库管理系统 Ⅳ. ①TP311.132.3

中国国家版本馆 CIP 数据核字（2023）第 132551 号

责任编辑：王金柱
封面设计：王　翔
责任校对：闫秀华
责任印制：刘海龙

出版发行：清华大学出版社
　　网　　址：http://www.tup.com.cn，http://www.wqbook.com
　　地　　址：北京清华大学学研大厦 A 座　　**邮　　编**：100084
　　社 总 机：010-83470000　　**邮　　购**：010-62786544
　　投稿与读者服务：010-62776969，c-service@tup.tsinghua.edu.cn
　　质量反馈：010-62772015，zhiliang@tup.tsinghua.edu.cn
印 装 者：北京同文印刷有限责任公司
经　　销：全国新华书店
开　　本：185mm×235mm　　**印　　张**：14.75　　**字　　数**：354 千字
版　　次：2023 年 9 月第 1 版　　**印　　次**：2023 年 9 月第 1 次印刷
定　　价：89.00 元

产品编号：098446-01

前　言

MySQL在如今的企业开发中占据着十分重要的地位，成为目前世界上流行的开源关系数据库。一路走来，笔者经历过的项目无一例外都是使用MySQL。熟练使用MySQL数据库，是研发工程师和数据库工程师的必备技能之一，MySQL相关的知识常常被作为面试题的一部分。本书总结了笔者多年使用MySQL的实践经验，可供读者高效学习MySQL并掌握其在开发中的核心知识点和应用技能。

本书第1～4章主要介绍MySQL基础的SQL语法知识，包括MySQL数据库如何安装、数据类型和表达式、运算符和变量等内容。第5～9章主要介绍select查询、索引、事务、存储过程、视图，以及如何进行数据备份、数据恢复和用户权限管理。第10~14章讲解MySQL高级特性，包括MySQL日志、锁、分库分表以及SQL性能优化和字符集。附录部分介绍本书涉及的SQL脚本、词汇解释，以及在面试中常见的高频问题。

本书结构

本书涵盖MySQL的基础知识、日常工作中用到的数据库知识以及MySQL高级的特性。全书共14章和4个附录，各章内容概述如下：

- 第 1 章介绍 MySQL 是什么、macOS 和 Windows 操作系统如何安装 MySQL、MySQL 客户端（Workbench、DataGrip）的安装，以及如何通过命令行工具连接 MySQL。
- 第 2 章介绍数据库操作（创建第一个数据库，更新数据库名称、删除数据库与表操作（创建表、表数据插入、建表规范、慎重删除表和数据、修改表和表结构以及表结构/表数据导出）。
- 第 3 章介绍 MySQL 常用的数据类型（数值数据类型、日期和时间类型以及字符串数据类型）。数值数据类型包括整数类型、浮点型类型、定点型类型、bit 类型；日期和时间类型包括日期类型和时间类型；字符串数据类型包括 char 和 varchar 类型、blob 和 text 类型、enum 和 set 类型以及 JSON 类型。

- 第 4 章介绍 MySQL 运算符函数和变量。运算符包括运算符优先级、比较运算符和函数、逻辑运算符、赋值运算符。函数主要包括字符串函数、数学函数、日期和时间函数、聚合函数、流程控制函数、强制转换函数、加密函数和信息函数。
- 第 5 章介绍 select 查询，主要包括 select 简单查询、where 条件查询、数据排序 order by、数据分组 group by、分组后过滤 having、union 组合查询、子查询以及连接查询等内容。
- 第 6 章介绍索引的相关内容，包括什么是索引；索引的增、删、改、查，索引类型。其中索引类型包括主键索引、唯一索引、普通索引以及前缀索引等。
- 第 7 章介绍事务的四大特性（ACID）、如何使用事务以及事务的四种隔离级别，即读未提交、读已提交、可重复读和串行化。
- 第 8 章主要介绍 MySQL 的视图与存储过程这两部分内容，其中视图包括视图概述，视图的增、删、改、查，视图的应用场景和优缺点；存储过程包括存储过程的增、删、改、查，存储过程与流程控制语句，存储过程的应用场景与优缺点。
- 第 9 章主要介绍 MySQL 用户管理、角色管理、权限管理及授权、数据备份、数据恢复等内容。
- 第 10 章主要介绍如何设计数据库，内容包括关联关系（一对一、一对多、多对多以及自关联）、E-R 实体关系模型、数据表设计三范式、数据库设计流程以及教务管理系统案例等。
- 第 11 章主要介绍 MySQL 数据库日志，包括错误日志、普通查询日志、慢查询日志、二进制日志、Undo 日志、Redo 日志以及 Relay Log 日志，最后介绍主从模式与主从同步等内容。
- 第 12 章主要介绍 MySQL 锁，包括共享锁和独占锁、全局锁、表级锁（表锁、元数据锁、意向锁、AUTO-INC 锁）、行锁（记录锁、间隙锁与临键锁 Next-key Lock、插入意向锁）以及悲观锁和乐观锁。
- 第 13 章主要介绍 MySQL 的分库、分表、分组的相关内容。
- 第 14 章主要介绍 explain 执行计划、show profile 以及慢 SQL 优化（索引失效优化、插入性能优化）与字符集等内容。
- 附录 A 主要提供书中使用到的 SQL 文件。
- 附录 B 提供词汇解释。
- 附录 C 提供 MySQL 高频面试题。
- 附录 D 提供练习题。

本书预备知识

操作系统

读者应当掌握基本的操作系统，比如Windows操作系统或者macOS操作系统，能在个人计算机上熟练地安装和卸载软件，能运行计算机的命令行工具。

本书使用的软件版本

本书使用的开发环境如下：

- 操作系统 macOS 10.14.3
- 操作系统 Windows 10
- 开发工具 DateGrip 2022.3.3
- MySQL Workbench 8.0

读者对象

本书适合所有计算机专业的学生、软件开发人员和DBA使用。

源代码下载

为了方便读者学习本书，本书还提供了源代码。扫描下述二维码即可下载源代码。

如果读者在学习和下载本书的过程中遇到问题，可以发送邮件至booksaga@126.com，邮件主题写“像程序员一样使用MySQL”。

致谢

本书能够顺利出版，首先感谢清华大学出版社的王金柱老师及背后的团队为本书的辛勤付出，这是我第八次和王金柱老师合作，每次合作都能让我感到轻松和快乐，也让我体会到写作是一件愉快的事情，我很享受这个过程。

感谢我的家人，感谢他们一路的陪伴和督促，感谢他们对我工作的理解和支持，感谢他们对我生活无微不至的照顾，使我没有后顾之忧，全身心投入本书的写作中。

限于笔者水平和写作时间，书中难免存在疏漏之处，欢迎读者批评指正。

黄文毅

2023年3月15日

目　　录

第 1 章　初识 MySQL ································ 1

1.1　安装 MySQL ···································· 1

1.1.1　在 macOS 上安装 MySQL ········· 2

1.1.2　在 Windows 上安装 MySQL ······ 6

1.2　如何选择 MySQL 客户端 ················ 10

1.2.1　在 macOS 上安装 Workbench ··· 10

1.2.2　在 macOS 上安装 DataGrip ······ 12

1.2.3　在 Windows 上安装 Workbench ······················ 14

1.2.4　命令行连接 MySQL ·············· 14

第 2 章　数据库与表的创建 ······················ 17

2.1　数据库操作 ·································· 17

2.1.1　创建第一个数据库 ················ 18

2.1.2　更新数据库名称 ···················· 20

2.1.3　删除数据库 ·························· 21

2.1.4　取个合适的数据库名称 ·········· 22

2.2　表操作 ··· 23

2.2.1　创建第一张表 ······················· 23

2.2.2　表数据插入 ·························· 26

2.2.3　建表规约 ····························· 28

2.2.4　慎重删除表和数据 ················ 29

2.2.5　修改表和表结构 ···················· 31

2.2.6　表结构/表数据导出 ··············· 35

第 3 章　MySQL 常用数据类型 ················ 38

3.1　数值数据类型 ······························ 38

3.1.1　整数类型 ···························· 38

3.1.2　浮点数类型 ························· 40

3.1.3　定点数类型 ························· 42

3.1.4　bit 类型 ······························ 43

3.1.5　数值类型属性 ······················ 44

3.1.6　超出范围和溢出处理 ············· 44

3.2　日期和时间类型 ··························· 46

3.2.1　时间小数秒精确度 ················ 47

3.2.2　日期和时间类型转换 ············· 48

3.3　字符串数据类型 ··························· 49

3.3.1　char 和 varchar 类型 ·············· 50

3.3.2　blob 和 text 类型 ·················· 51

3.3.3　enum 和 set 类型 ·················· 52

3.3.4　JSON 类型 ·························· 53

3.3.5　数据类型默认值 ··················· 57

第 4 章　运算符、函数与变量 ················· 59

4.1　运算符 ······································· 59

4.1.1　运算符优先级 ······················ 59

4.1.2　比较运算符和函数 ················ 60

4.1.3　逻辑运算符 ························· 62

4.1.4　赋值运算符 ························· 63

4.2　函数 ·· 65

4.2.1　字符串函数 ························· 65

4.2.2　数学函数 ···························· 67

4.2.3　日期和时间函数 ··················· 68

4.2.4　聚合函数 ···························· 72

4.2.5 流程控制函数 …… 73
4.2.6 强制类型转换函数 …… 74
4.2.7 加密函数 …… 75
4.2.8 信息函数 …… 77
4.3 变量 …… 78

第 5 章 select 查询 …… 80

5.1 select 简单查询 …… 80
5.1.1 无表查询 …… 80
5.1.2 指定列查询 …… 81
5.1.3 limit 指定行和分页查询 …… 81
5.2 where 条件查询 …… 83
5.2.1 使用 where 子句 …… 83
5.2.2 where 单值查询 …… 84
5.2.3 范围和区间查询 …… 85
5.2.4 模糊查询 …… 86
5.2.5 空值查询 …… 86
5.2.6 where 多值查询 …… 87
5.3 数据排序 order by …… 88
5.4 数据分组 group by …… 89
5.5 分组后过滤 having …… 91
5.6 组合查询 union …… 92
5.7 子查询 …… 96
5.8 连接查询 …… 98

第 6 章 索引 …… 102

6.1 认识索引 …… 102
6.1.1 什么是索引 …… 102
6.1.2 索引的种类 …… 104
6.1.3 索引增、删、改、查 …… 105
6.2 索引类型 …… 108
6.2.1 主键及主键索引 …… 108
6.2.2 唯一索引 …… 109
6.2.3 普通的单字段索引 …… 110
6.2.4 普通的组合索引 …… 110
6.2.5 前缀索引 …… 112

第 7 章 MySQL 事务 …… 114

7.1 事务的 4 大特性 …… 114
7.2 使用事务 …… 116
7.3 事务的 4 种隔离级别 …… 120

第 8 章 MySQL 视图和存储过程 …… 127

8.1 视图 …… 127
8.1.1 视图的使用场景 …… 127
8.1.2 视图的增、删、改、查 …… 128
8.1.3 使用视图的注意事项 …… 130
8.2 存储过程 …… 131
8.2.1 存储过程的增、删、改、查 …… 131
8.2.2 存储过程与流程控制语句搭配使用 …… 134
8.2.3 应用场景与优缺点 …… 135

第 9 章 用户权限管理及数据备份与恢复 …… 136

9.1 用户权限管理 …… 136
9.1.1 用户管理 …… 136
9.1.2 角色管理 …… 138
9.1.3 权限管理及授权 …… 139
9.2 数据备份 …… 141
9.2.1 mysqldump 概述 …… 141
9.2.2 mysqldump 数据备份 …… 142
9.3 数据恢复 …… 145

第 10 章 数据库设计 …… 147

10.1 关联关系 …… 147
10.1.1 一对一 …… 147
10.1.2 一对多 …… 149
10.1.3 多对多 …… 149
10.1.4 自关联 …… 150
10.2 E-R 实体关系模型 …… 150

10.3 数据表设计三范式 ······ 152
10.4 数据库设计流程 ······ 153
10.5 教务管理系统数据库设计案例 ······ 154
10.5.1 需求分析 ······ 154
10.5.2 设计 ······ 155
10.5.3 实现 ······ 159

第 11 章 数据库日志 ······ 161

11.1 MySQL 的几种日志 ······ 161
11.2 了解错误日志 ······ 162
11.3 了解普通查询日志 ······ 162
11.4 了解慢查询日志 ······ 164
11.5 了解二进制日志 ······ 166
11.6 了解撤销日志 ······ 167
11.7 了解重做日志 ······ 167
11.8 了解中继日志 ······ 168
11.9 主从模式与主从同步 ······ 168

第 12 章 MySQL 锁 ······ 172

12.1 MySQL 锁及分类 ······ 172
12.2 共享锁和独占锁 ······ 172
12.3 全局锁 ······ 174
12.4 表级锁 ······ 176
12.4.1 表锁 ······ 176
12.4.2 元数据锁 ······ 178
12.4.3 意向锁 ······ 180
12.4.4 自增锁 ······ 183
12.5 行锁 ······ 183
12.5.1 记录锁 ······ 184
12.5.2 间隙锁与临键锁 ······ 185
12.5.3 插入意向锁 ······ 189
12.6 悲观锁和乐观锁 ······ 191

第 13 章 MySQL 分库分表 ······ 193

13.1 分库 ······ 193
13.2 分表 ······ 194
13.3 切分方式 ······ 194
13.3.1 水平切分的方式 ······ 194
13.3.2 垂直切分的方式 ······ 196
13.4 分组 ······ 196

第 14 章 SQL 性能优化与字符集 ······ 198

14.1 SQL 优化工具 ······ 198
14.1.1 explain 执行计划 ······ 198
14.1.2 show profile ······ 200
14.2 慢 SQL 优化 ······ 204
14.2.1 表无任何索引 ······ 204
14.2.2 索引失效优化 ······ 205
14.2.3 使用索引覆盖优化 ······ 209
14.2.4 插入性能优化 ······ 209
14.2.5 优化 select count(*) ······ 212
14.2.6 select*语句优化 ······ 213
14.3 字符集 ······ 214
14.3.1 字符集概述 ······ 214
14.3.2 设置适当的字符集 ······ 214
14.3.3 设置默认字符集 ······ 215
14.3.4 转换字符集 ······ 215

附录 A MySQL 数据 ······ 216

附录 B 词汇解释 ······ 217

附录 C MySQL 高频面试题 ······ 219

附录 D 练习题 ······ 223

参考文献 ······ 226

第 1 章 初识MySQL

本章主要介绍什么是MySQL、在macOS和Windows操作系统中如何安装MySQL、如何安装MySQL客户端（Workbench、DataGrip和Workbench），以及如何通过命令行工具连接MySQL。

1.1 安装 MySQL

MySQL是一个开源的关系数据库管理系统（Relational Database Management System，简称为RDBMS），由瑞典MySQL AB公司开发，是Oracle旗下的产品。由于MySQL体积小、速度快、使用成本低，因此很多企业（不分规模大小）都使用它来构建自己的数据库。可以说，MySQL已成为目前最流行的关系数据库管理系统之一，MySQL所使用的SQL语言也是用于访问数据库的最常用的标准化语言。

因为程序员使用的操作系统基本就两种：macOS和Windows操作系统，几乎占了95%以上。因此接下来笔者也只介绍在macOS和Windows这两种操作系统中如何安装MySQL数据库，其他类型的操作系统（例如Linux、Solaris等），读者可以参考MySQL官方文档https://dev.mysql.com/doc/refman/8.0/en/installing.html，自己动手学习安装。

这里想提醒读者的是：一定不要太沉迷于各种软件的安装。软件安装无外乎是下载安装包，执行相关的启动脚本或者单击相关的安装按钮，配置相应的参数，软件安装大都没什么技术含量。例如：如果使用的是macOS操作系统，那就没必要特意去Windows系统再安装一次MySQL，反之亦然。

注意，自己通过官方文档学习各种技术是程序员非常重要的技能，一方面可以提高自己阅读英文文档的能力，另一方面可以提升自学的能力。切记，一定要优先阅读一手资料（例如官方文档），一手资料内容靠谱，比较原汁原味；其次，才是通过二手资料（例如各种别人加工过的博客、文章等）去学习技术。

1.1.1 在macOS上安装MySQL

在macOS操作系统上安装 MySQL，具体步骤如下：

01 下载包含 MySQL 安装程序的磁盘映像（.dmg）文件（下载地址：https://dev.mysql.com/downloads/mysql/）。双击该文件以挂载磁盘映像并查看其内容，具体如图 1-1 所示。

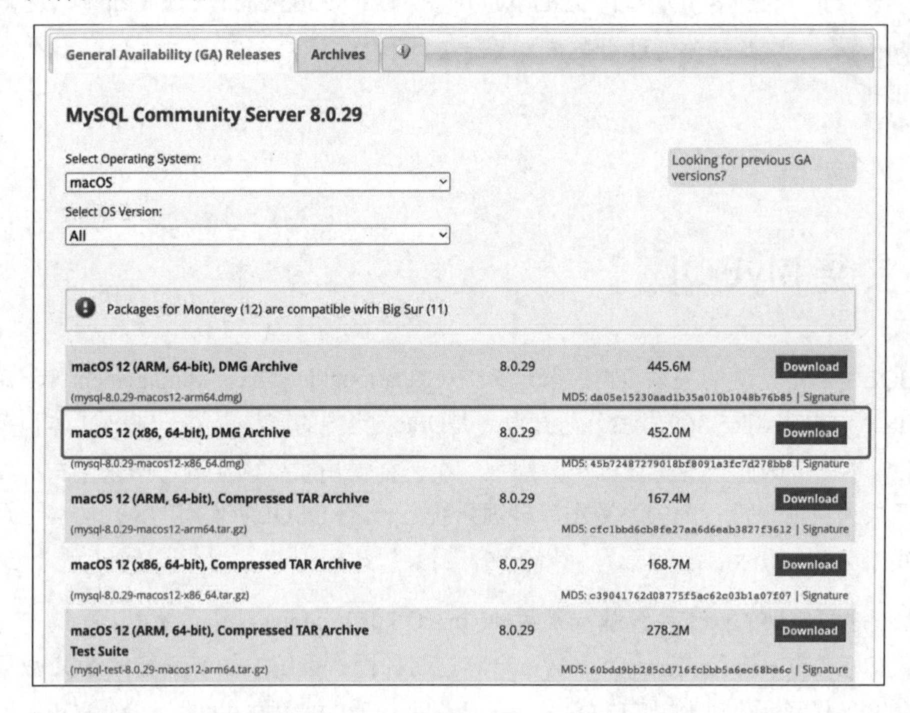

图 1-1　MySQL 安装程序下载（macOS 系统）

磁盘中的 MySQL 安装程序包是根据我们下载的 MySQL 版本命名的。例如，对于 MySQL 服务器 8.0.29 版本，它可能被命名为 mysql-8.0.29-macos-10.13-x86_64.pkg。

提示 下载MySQL安装程序，可以先注册Oracle账户，登录后下载；也可以单击下方的【No thanks, just start my download.】文字链接，不登录账户下载，如图1-2所示。

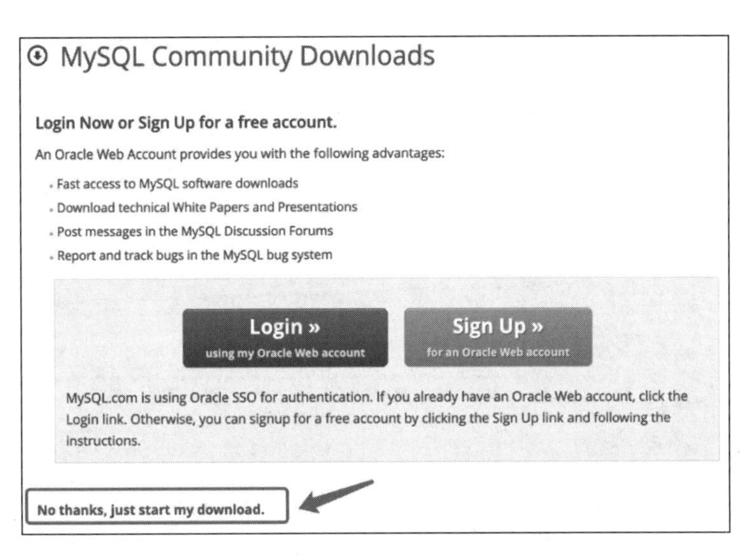

图 1-2　MySQL 安装程序：不需登录下载

02 在 MySQL 安装程序的【介绍】界面，单击【继续】按钮开始安装，同意软件许可协议，如图 1-3 所示。

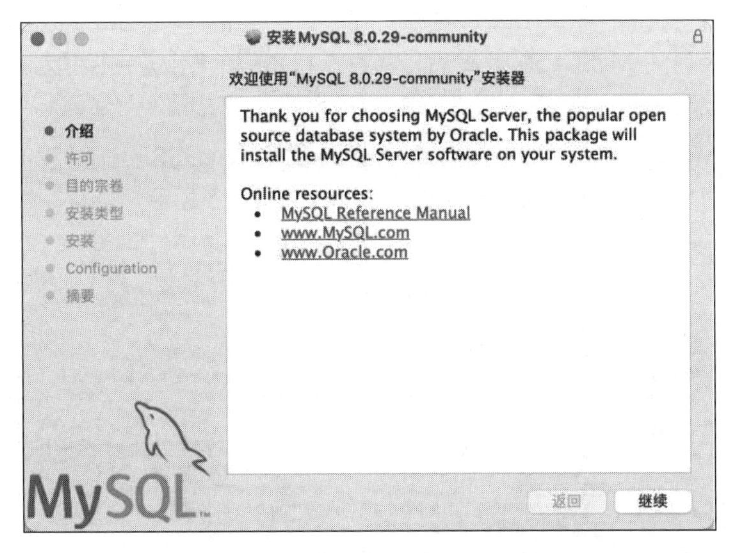

图 1-3　MySQL 安装程序【介绍】界面

03 在【安装类型】界面中，单击【安装】按钮以使用所有默认值执行安装向导，单击【自定】按钮可以更改要安装的组件（包括 MySQL 服务器、MySQL 测试、首选项窗格、启动支持等，即除 MySQL 测试之外的所有组件都默认启用），如图 1-4 所示。

注意 尽管【更改安装位置】选项可见，但无法更改安装位置哦。

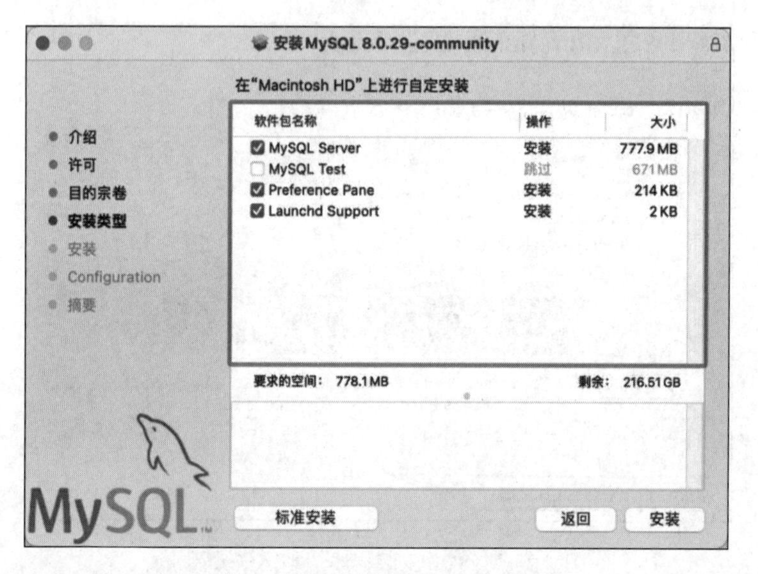

图 1-4　MySQL 自定义安装界面

04 此处单击【安装】按钮以安装 MySQL 服务器。如果是升级当前的 MySQL 服务器，那么安装过程到此结束，否则按照向导的附加配置步骤安装新的 MySQL 服务器。

05 成功安装新的 MySQL 服务器后，通过选择密码的默认加密类型、定义 root 密码以及在启动时启用（或禁用）MySQL 服务器来完成配置。

06 默认的 MySQL 8.0 密码机制是 caching_sha2_password(Strong)，我们可以在这一步将它更改为 mysql_native_password(Legacy)，如图 1-5 所示。

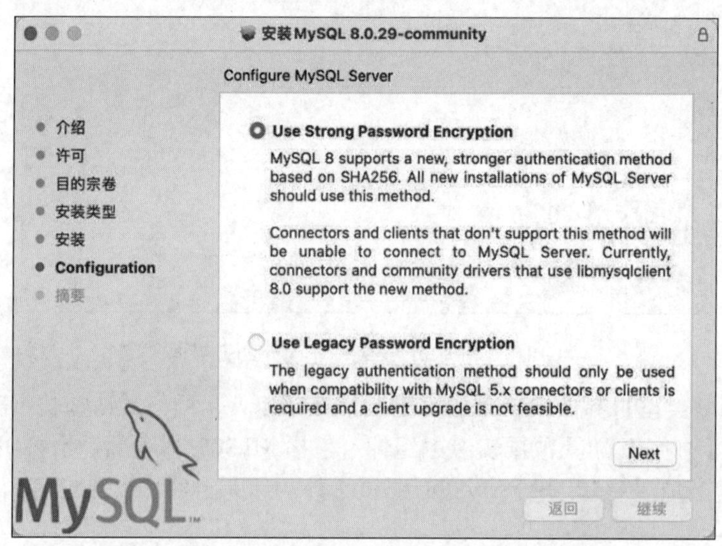

图 1-5　MySQL 包安装程序向导：选择密码加密类型

选择旧密码机制会更改生成的启动文件，以便在 ProgramArguments 下设置 --default_authentication_plugin=mysql_native_password。选择强密码加密不会设置 --default_authentication_plugin，因为使用了默认的 MySQL Server 值，即 caching_sha2_password。当然，对于初学者来说，不必关注这些信息，只需要使用默认配置即可。单击【Next】按钮继续安装。

07 为 root 用户定义密码，并在配置步骤完成后通过勾选【Start MySQL Server...】复选框确认 MySQL 服务器是否应该启动，如图 1-6 所示。

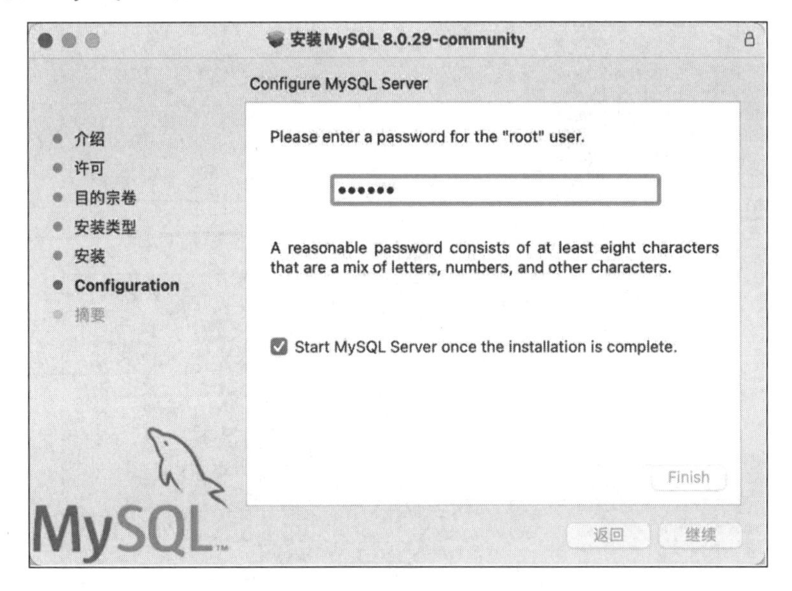

图 1-6　MySQL 软件包安装程序向导：定义 root 密码

提示　一个合理的root密码至少由8个字母、数字和其他字符组成。

08 【摘要】是最后一步，它表示成功安装 MySQL 服务器。此时单击【关闭】按钮即可，如图 1-7 所示。

使用软件包安装程序进行安装时，文件将安装到/usr/local 中与安装版本和平台名称匹配的目录中。例如，安装程序文件 mysql-8.0.29-macos10.15-x86_64.dmg 将 MySQL 安装到/usr/local/mysql-8.0.29-macos10.15-x86_64/目录下。

09 当计算机关机或者重启时，MySQL 不会自动启动，可以通过系统设置找到 MySQL 应用图标，通过单击【Start MySQL Server】按钮来启动 MySQL，同时可以单击【Start MySQL when your computer starts up】单选按钮来设置开机自启动 MySQL 服务，如图 1-8 所示。

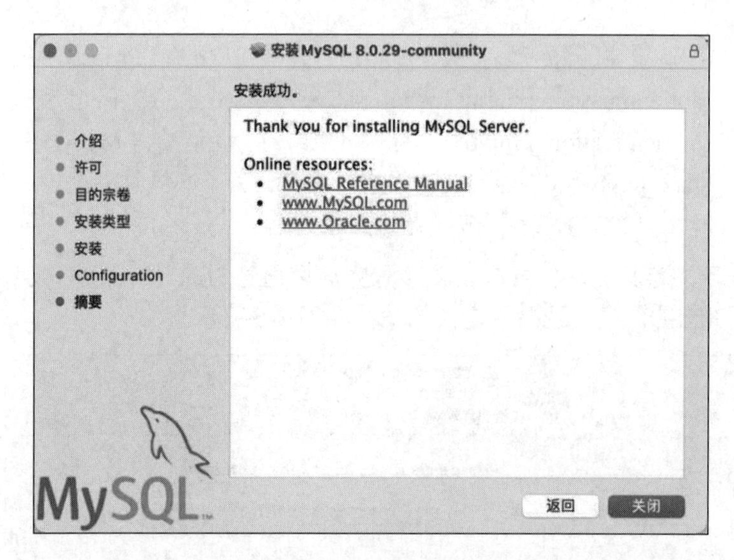

图 1-7 MySQL 软件包安装程序向导：摘要信息

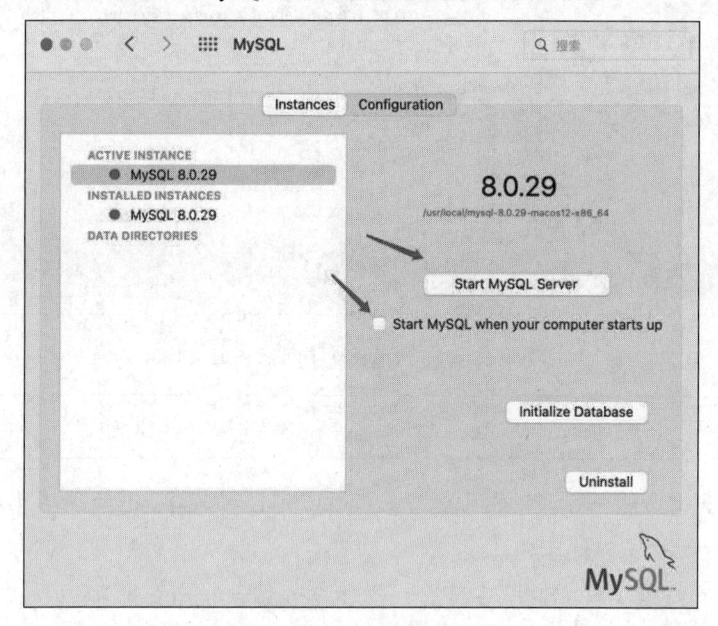

图 1-8 启动 MySQL 服务并设置开机自启动

1.1.2 在Windows上安装MySQL

首先，我们要下载MySQL的安装包，具体做法是打开浏览器并输入网址“https://dev.mysql.com/downloads/installer/”，打开MySQL下载页面，下载合适的MySQL安装包，如图1-9所示。

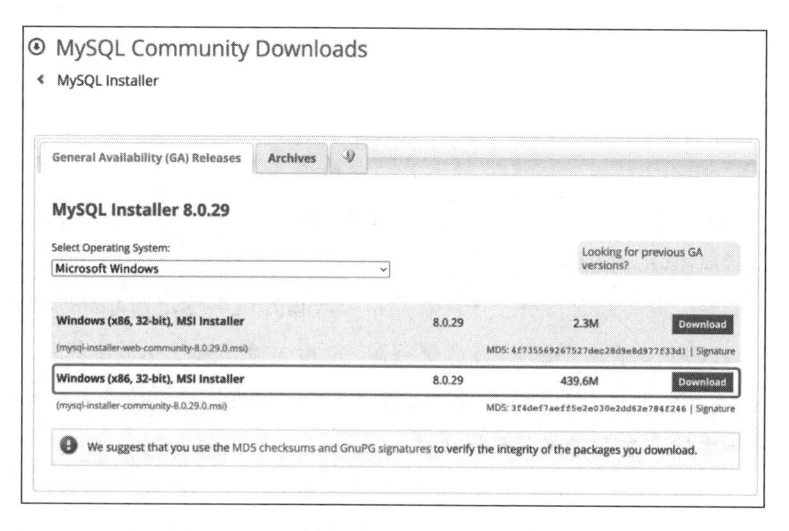

图 1-9　MySQL 安装程序下载页面（Windows 系统）

注意　MySQL安装程序需要Microsoft .NET Framework 4.5.2或更高版本。如果主机上没有安装此版本，那么可以访问微软网站https://www.microsoft.com/en-us/download/details.aspx?id=42643进行下载。

在Windows上安装MySQL，具体步骤如下：

01 运行下载的安装程序，安装 MySQL 数据库服务器及相关组件，如图 1-10 所示。

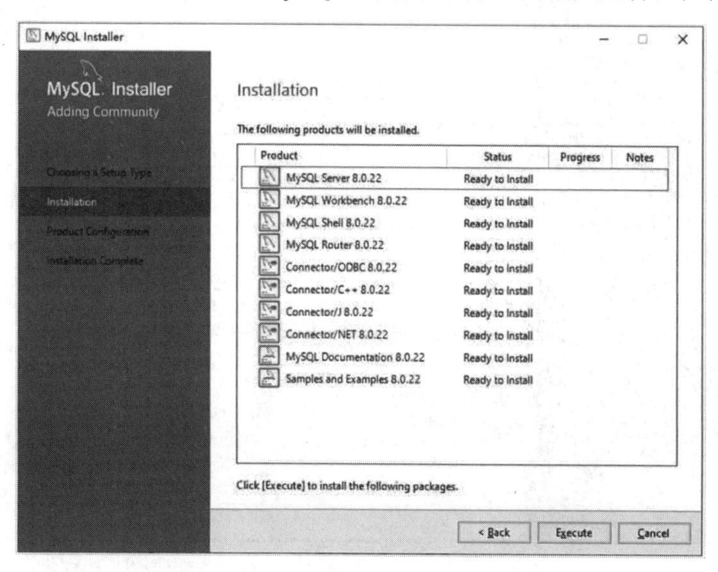

图 1-10　安装 MySQL 组件（Windows 系统）

这里简单介绍各关键组件的作用：

- MySQL Server：MySQL数据库服务器，是MySQL的核心组件。
- MySQL Workbench：管理MySQL的客户端图形工具。
- MySQL Shell：命令行工具。除了支持SQL语句外，它还支持JavaScript和Python脚本，并且支持调用MySQL API接口。
- MySQL Router：轻量级的插件，可以在应用和数据库服务器之间起到路由和负载均衡的作用。例如，我们有多台MySQL数据库服务器，应用同时产生了很多数据库访问请求，这时，MySQL Router就可以对这些请求进行调度，把访问均衡地分配给每个数据库服务器，而不是集中在一台或几台数据库服务器上。
- Connector/ODBC：MySQL数据库的ODBC驱动程序。ODBC是微软的一套数据库连接标准，微软的产品（比如Excel）就可以通过ODBC驱动与MySQL数据库连接。

其他的组件主要用来支持各种开发环境与MySQL的连接，此外还有MySQL帮助文档和示例。

02 等所有组件安装完成，安装程序会提示配置服务器的类型（Config Type）、连接（Connectivity）以及高级选项（Advanced Configuration）等，配置服务器的类型选择【Development Computer】（开发计算机）即可，如图 1-11 所示。

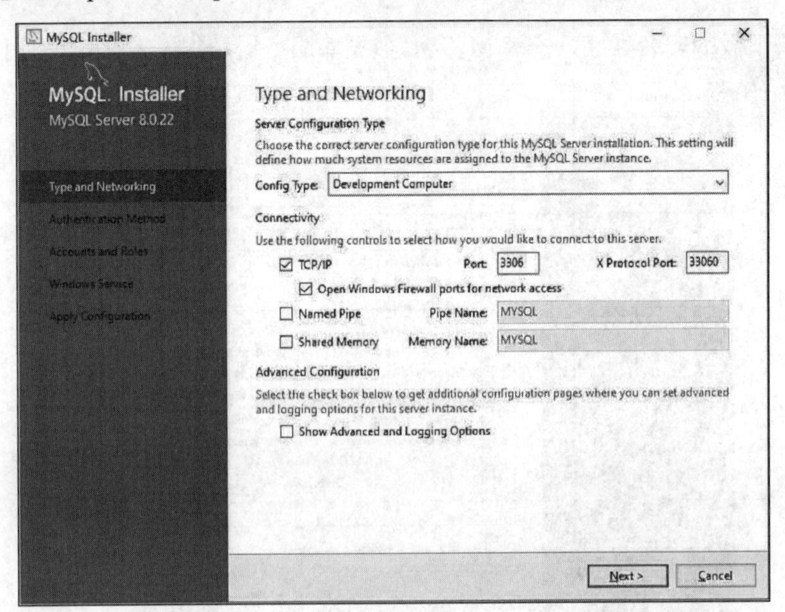

图 1-11　MySQL 服务器类型等配置（Windows 系统）

这一步主要有两部分需要配置，分别是服务器类型和服务器连接。服务器类型配置有3个选项，这3个选项的区别在于MySQL数据库服务器会占用多大的内存，具体如下：

- 开发计算机（Development Computer）：MySQL数据库服务会占用所需最小的内存，以便其他应用可以正常运行。
- 服务器计算机（Sever Computer）：假设在这台计算机上有多个 MySQL 数据库服务器实例在运行，因此会占用中等程度的内存。
- 专属计算机（Dedicated Computer）：专属计算机会占用计算机的全部内存资源。

MySQL数据库服务器的连接配置包括3个选项：

- 网络通信协议（TCP/IP）。
- 命名管道（Named Pipe）。
- 共享内存（Shared Memory）。

命名管道和共享内存的优势是速度很快，但是它们都有一个局限，那就是只能从本机访问MySQL数据库服务器。因此，这里我们选择默认的网络通信协议方式，这样的话，MySQL数据库服务器就可以通过网络进行访问了。

MySQL默认的TCP/IP协议访问端口是3306，后面的X协议端口默认是33060，这里我们都不做修改。MySQL的X插件会用到X协议，主要用来实现类似MongoDB的文件存储服务。这方面的知识，读者简单了解即可。

03 身份验证配置与设置密码和用户权限。

- MySQL的身份验证配置：选择基于SHA256的新加密算法caching_sha2_password（系统推荐的）。新的加密算法与老版本的加密算法相比，具有使用相同的密码也不会生成相同的加密结果的特点，会更安全。
- 设置root用户的密码。root是MySQL的超级用户，拥有MySQL数据库访问的最高权限。root密码很重要，要时刻牢记。

04 最后，把MySQL服务器配置成Windows服务。这样做的好处在于可以让MySQL数据库服务器一直在Windows环境中运行，而且可以让MySQL数据库服务器随着Windows系统的启动而自动启动。

至此，完成Windows操作系统下MySQL的安装。

1.2　如何选择 MySQL 客户端

所谓客户端，就是图形化管理工具，通过客户端可以方便地查询数据，创建库和表，学习表的关联、聚合、事务，以及存储过程等。

MySQL也有很多客户端，程序员最常用的客户端包括Navicat、MySQL Workbench、DataGrip等。

对于初学者，建议使用Navicat 或者MySQL Workbench客户端，而对于已开始工作或者已有多年工作经验的程序员来说，可以使用DataGrip客户端。DataGrip客户端功能更强大，更加专业化，且界面风格与Intellij IDEA开发工具类似，对于程序员来说，是一个不错的选择。

接下来介绍如何在macOS和Windows上安装Workbench客户端、在macOS上安装DataGrip。至于其他的客户端，读者可以到对应的官网下载软件，按照官方文档进行安装即可。

> 注意　选择一个适合自己的MySQL客户端即可。同样，不要沉迷于学习安装各种MySQL客户端，这样做只会浪费我们宝贵的时间。

1.2.1　在macOS上安装Workbench

Workbench具体安装步骤如下：

01 到 MySQL 官网下载 Workbench 安装包（https://dev.mysql.com/downloads/workbench/），如图 1-12 所示。

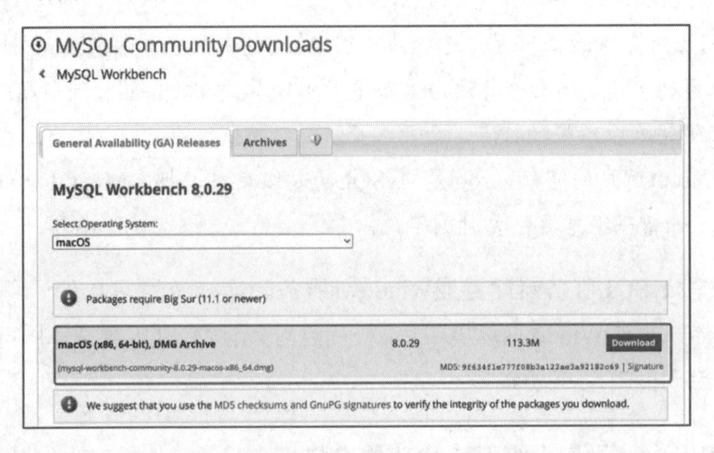

图 1-12　Workbench 下载（macOS 系统）

02 双击下载的安装包，打开安装窗口。按照说明将【MySQL Workbench】图标拖曳到【Applications】图标上，如图 1-13 所示。

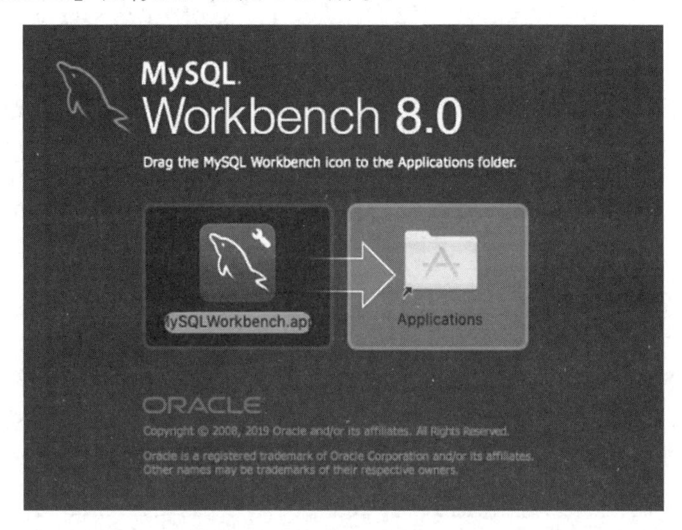

图 1-13　MySQL Workbench 安装窗口（macOS 系统）

03 打开 Workbench 软件，在软件的左下角有个本地连接，单击录入 Root 的密码，登录本地 MySQL 数据库服务器，如图 1-14 所示。

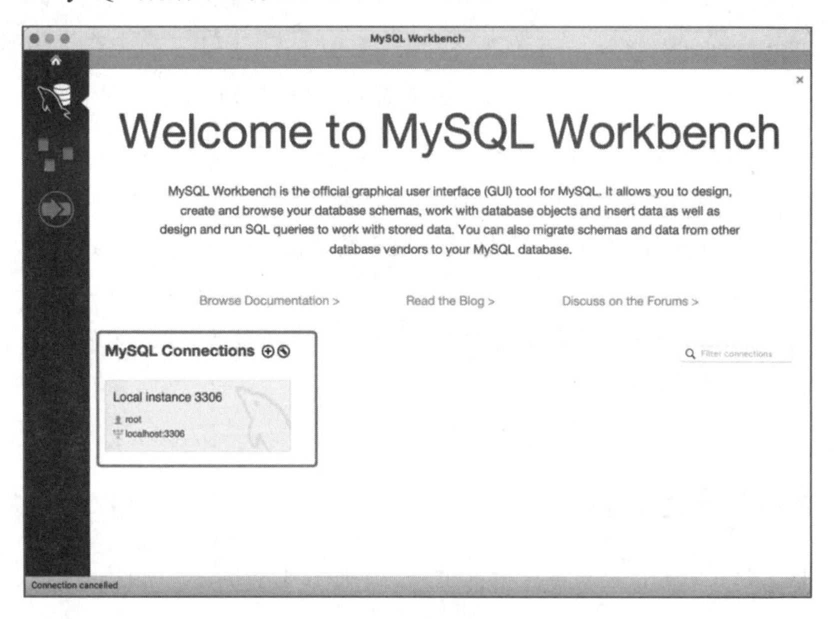

图 1-14　Workbench 首页（macOS 系统）

登录本地MySQL数据库服务器之后，就可以看到如图1-15所示的界面。

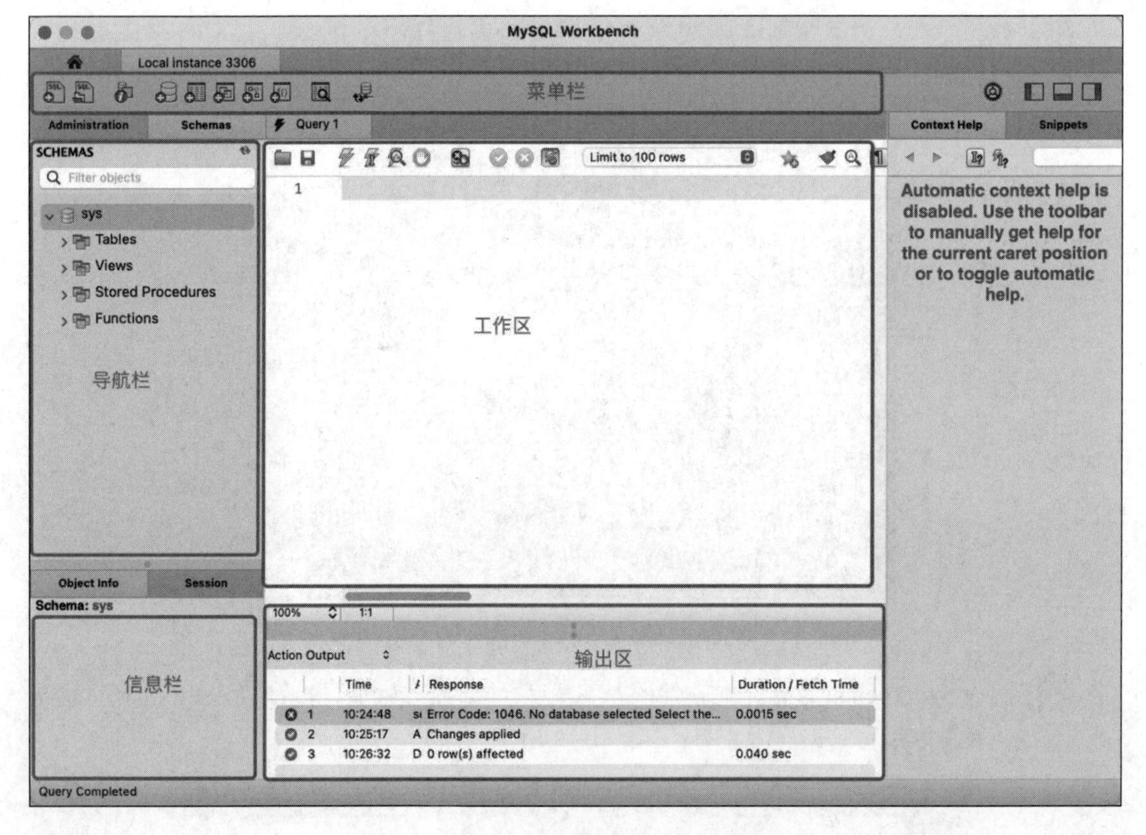

图 1-15　Workbench 界面（macOS 系统）

- 导航栏：在导航栏可以看到数据库，包括数据表、视图、存储过程和函数。
- 信息栏：可以显示在导航栏中选中的数据库、数据表等对象的信息。
- 工作区：可以在工作区写SQL语句，单击上方菜单栏左边的第三个运行按钮，就可以执行工作区的SQL语句。
- 输出区：用来显示SQL语句的运行情况，包括开始执行时间、执行内容、执行的输出，以及所花费的时长等信息。
- 菜单栏：方便创建数据库菜单、表菜单等按钮。

1.2.2　在macOS上安装DataGrip

DataGrip是面向开发人员的数据库管理工具，支持众多数据库，如图1-16所示。

01 首先到 DataGrip 官网（https://www.jetbrains.com/datagrip/）下载软件安装包，在页面底部找到【Download】按钮，根据具体操作系统下载对应的软件，如图 1-17 所示。

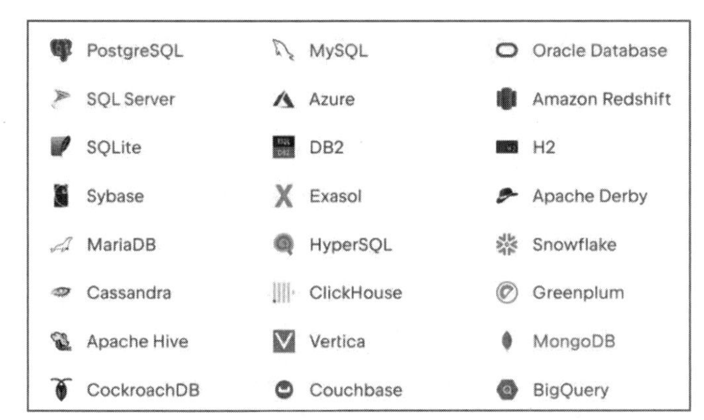

图 1-16　DataGrip 支持的数据库列表

图 1-17　DataGrip 软件下载

02 软件下载完成后，双击安装包并根据提示进行安装即可。

03 连接 MySQL 数据库也非常简单，在 DataGrip 窗口单击菜单栏中的新建按钮+，选择【Data Source】｜【MySQL】选项（见图 1-18），在弹出的窗口中填写对应的 Host（localhost 或者 127.0.0.1）、Port（3306）、User（root）以及 Password 等信息，如图 1-19 所示。

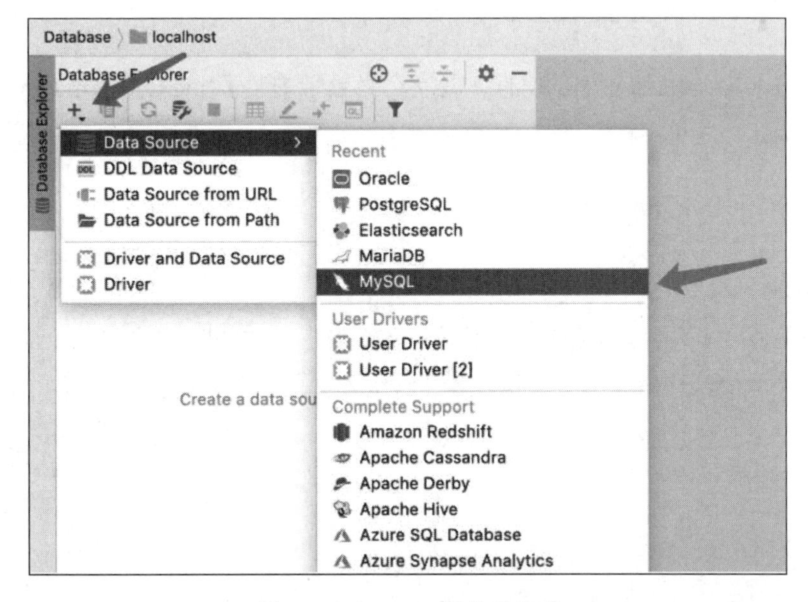

图 1-18　DataGrip 连接数据库

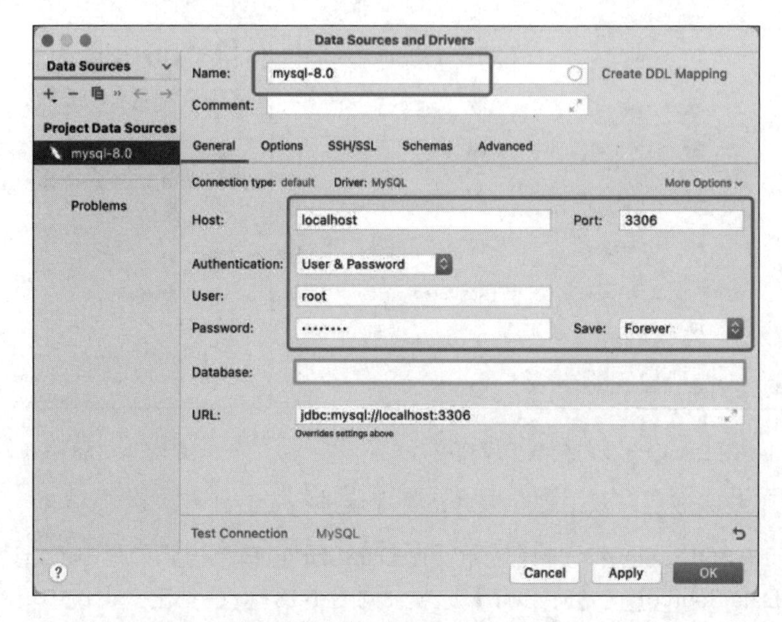

图 1-19　填写数据库连接信息

1.2.3　在Windows上安装Workbench

在1.1.2节安装MySQL服务器的时候，其实已经顺带安装了MySQL Workbench客户端，如图1-10所示，因此，这里不再赘述。

1.2.4　命令行连接MySQL

除了使用MySQL客户端连接MySQL数据库外，还有一种连接方法在工作中也经常使用，就是使用命令行窗口，如图1-20所示。对于Windows操作系统，使用CMD命令打开【命令提示符】窗口；对于macOS操作系统，可以打开【终端】窗口，并在窗口中输入如下命令：

```
$> mysql -h localhost -u root -p
Enter password: ********
```

说明：

- mysql是MySQL数据库提供的命令，用于连接MySQL数据库。
- -h、-u以及-p是mysql命令需要的参数，-h后面填主机名，例如127.0.0.1或者localhost（本机）；-u后面填用户名，例如root；-p后面可以填密码，但是MySQL建议我们不要填写，以防止密码泄漏，我们可以在Enter password后填写root用户对应的密码。

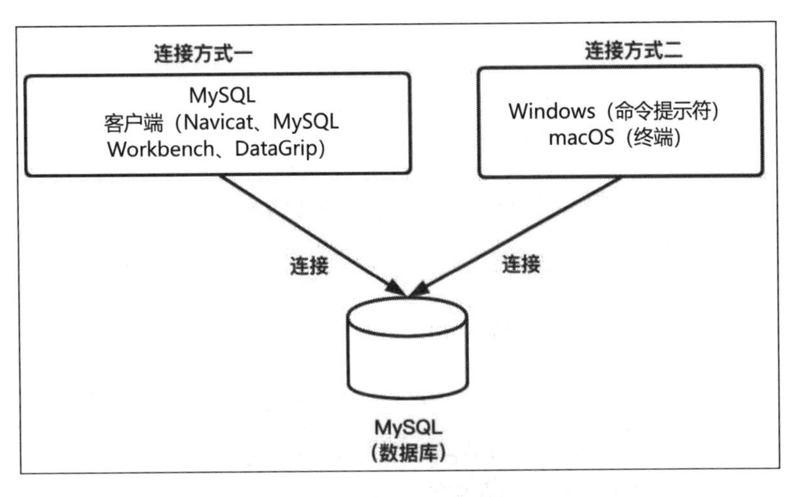

图 1-20　MySQL 多种连接方式

上述命令执行后，将看到如下信息：

```
$> mysql -h host -u user -p
Enter password: ********
Welcome to the MySQL monitor.  Commands end with ; or \g.
Your MySQL connection id is 25338 to server version: 8.0.29-standard

Type 'help;' or '\h' for help. Type '\c' to clear the buffer.

mysql>
```

说明：

- mysql>提示符：告诉我们MySQL已准备好让MySQL输入SQL语句了，也表示通过命令行的方式成功连接了MySQL数据库。

如果想深入学习mysql命令的使用，可以执行mysql --help命令，该命令会详细介绍mysql命令每个参数的作用，具体内容如下：

```
$> mysql --help
mysql  Ver 8.0.17 for osx10.14 on x86_64 (Homebrew)
Copyright (c) 2000, 2019, Oracle and/or its affiliates. All rights reserved.

Oracle is a registered trademark of Oracle Corporation and/or its
affiliates. Other names may be trademarks of their respective
owners.

Usage: mysql [OPTIONS] [database]
  -?, --help          Display this help and exit.
```

```
-I, --help          Synonym for -?
--auto-rehash       Enable automatic rehashing. One doesn't need to use
                    'rehash' to get table and field completion, but startup
                    and reconnecting may take a longer time. Disable with
                    --disable-auto-rehash.
                    (Defaults to on; use --skip-auto-rehash to disable.)
-A, --no-auto-rehash
                    No automatic rehashing. One has to use 'rehash' to get
                    table and field completion. This gives a quicker start of
                    mysql and disables rehashing on reconnect.
--auto-vertical-output
                    Automatically switch to vertical output mode if the
                    result is wider than the terminal width.
-B, --batch         Don't use history file. Disable interactive behavior.
                    (Enables --silent.)
--bind-address=name IP address to bind to.

...省略大量代码
```

如果需要退出命令行窗口，可以执行exit命令，具体如下：

```
mysql> exit
Bye
```

注意 虽然使用MySQL客户端可以很方便地连接MySQL数据库，但是命令行的方式是一名合格的程序员必须掌握的技能。因为在真正的工作中，我们常常会碰到服务器没有安装任何MySQL客户端的情况，原因是运维不让安装或者服务器无法安装等，所以只能通过命令行的方式连接MySQL，并在命令行窗口中执行相关的查询动作。

第 2 章

数据库与表的创建

本章主要介绍数据库操作（创建数据库、更新数据库名称、删除数据库等）和表操作（创建表、表数据插入、建表规约、慎重删除表和数据、修改表和表结构、表结构/表数据导出等）。

2.1 数据库操作

传统谚语中有句话叫作“没吃过猪肉，也见过猪跑”，这句话在现在已经不适用了，应该改成“没见过猪跑，也吃过猪肉”。

相信大多数程序员都没见过猪跑，但是肯定见过猫或狗跑。因此，假设我们现在是动物园研发部的一名程序员，动物园有成千上万的动物，作为程序员的我们需要记录动物园到底有多少只动物，包括这些动物的名字、性别、年龄、界、门、纲、属以及种等属性。

我们有几种办法存储这些动物的信息，例如Excel表格、数据库等。但Excel表格存储动物信息有以下缺点：

（1）当存储的数据超过几个吉字节时，打开Excel会非常慢。

（2）多人编辑Excel表格比较困难，除非使用在线文档。

（3）无法让Excel表格中的数据排版得更好看。

……

使用数据库存储数据，就没有这些烦恼。

MySQL数据库可以存储的数据量与操作系统的磁盘大小有关。程序员可以连接到MySQL数据库来增、删、改、查数据。如果想让数据排版得更好看，可以开发Web应用，让Web应用的数据从MySQL数据库中获取。

2.1.1　创建第一个数据库

本小节来创建第一个数据库——动物园数据库。可以使用以下3种方法创建动物园数据库：

- 使用Workbench创建动物园数据库。
- 使用DataGrip创建动物园数据库。
- 使用SQL语句创建动物园数据库。

具体步骤如下：

1. 使用Workbench创建动物园数据库

在Workbench窗口选择【Schemas】选项卡，单击创建数据库按钮，在【Schema Name】中输入数据库名称“zoo”，然后单击【Apply】按钮，按照图2-1所示的数字步骤操作即可。

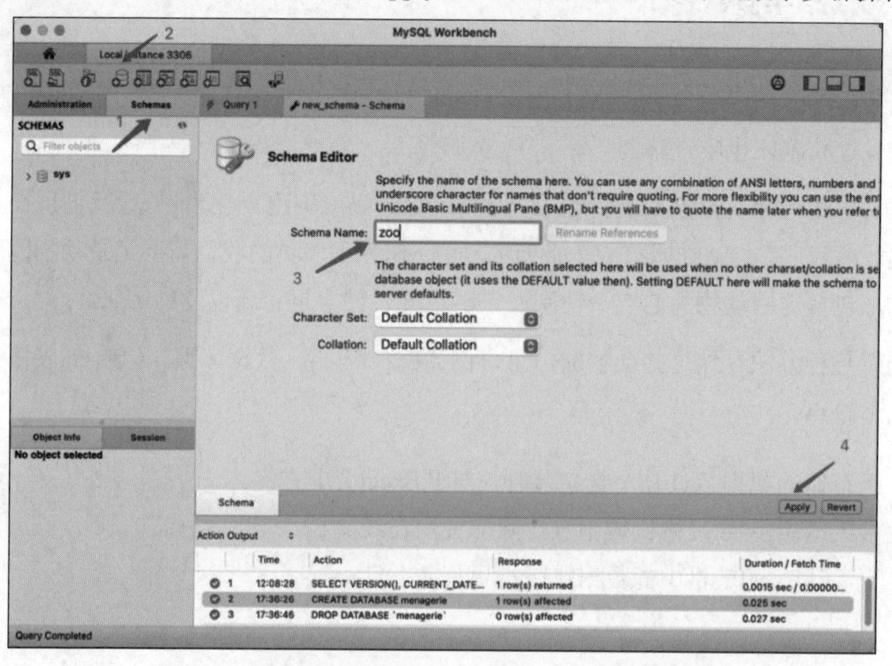

图 2-1　创建第一个 MySQL 数据库——动物园数据库

【Character Set】用于设置字符集，一般使用utf8或者utf8mb4。utf8mb4支持每个字符最多使用4字节，它是很多应用的首选字符集，因为它支持大多数扩展字符序（例如日语所用的utf8mb4_ja_0900_as_cs等）以及emoji字符。

2. 使用DataGrip创建动物园数据库

选中数据库，右击，在弹出的快捷菜单中依次选择【New】|【Schema】，在弹出的对话框中填写数据库名称zoo，如图2-2和图2-3所示。

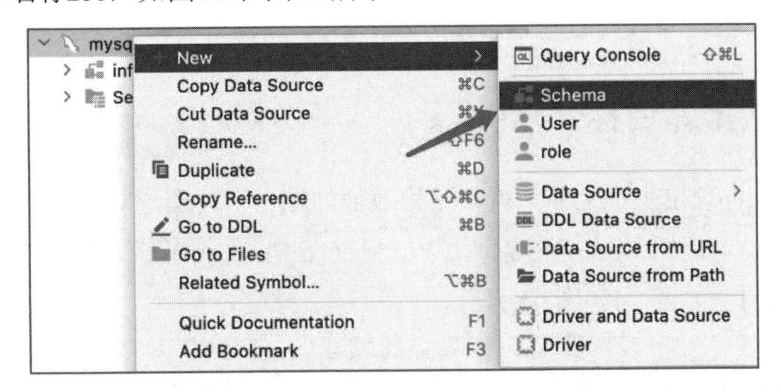

图 2-2　创建动物园数据库（1）

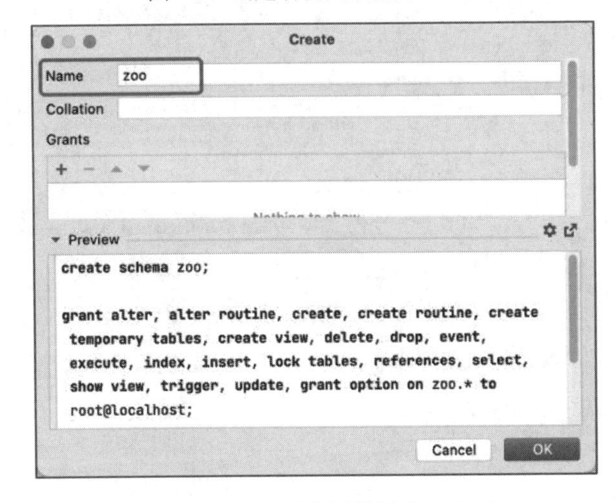

图 2-3　创建动物园数据库（2）

3. 使用SQL语句创建动物园数据库

01 在 Workbench 工作区中执行如下 SQL 语句：

```
-- create 创建，database ：数据库，zoo：动物园数据库
mysql>create database zoo;
```

02 单击Workbench工作区的执行按钮即可。

注意 希望读者能掌握通过SQL语句创建客户端这种方式，因为并不是所有的服务器都能安装MySQL客户端，在没有MySQL客户端的环境下，程序员只能使用命令行窗口，通过开发SQL语句进行数据库的创建。介绍Workbench和DataGrip这两种客户端方式创建数据库，是希望读者可以体验不同客户端的功能差异性，并从中选择适合自己的MySQL客户端。在接下来的几个章节中，笔者还会演示这两种不同的客户端如何操作数据库，但是希望读者记住，不要沉迷于不同客户端的使用，重点掌握一种即可。

2.1.2 更新数据库名称

一个新生儿在办理出生证之后，就很难修改他的姓名。同理，MySQL数据库一旦创建，就很难更新数据库的名称。比如，若想通过Workbench/DataGrip修改数据库名称，则【Schema Name】会无法编辑，如图2-4和图2-5所示。

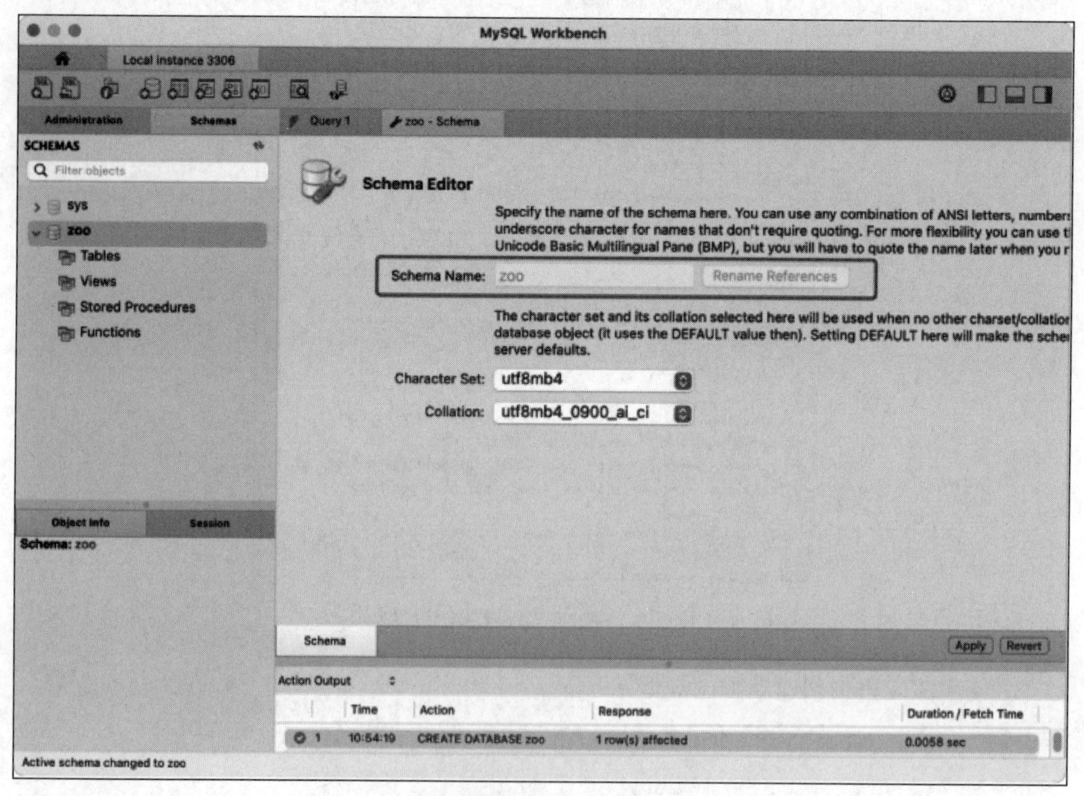

图 2-4　无法使用 Workbench 修改数据库名称

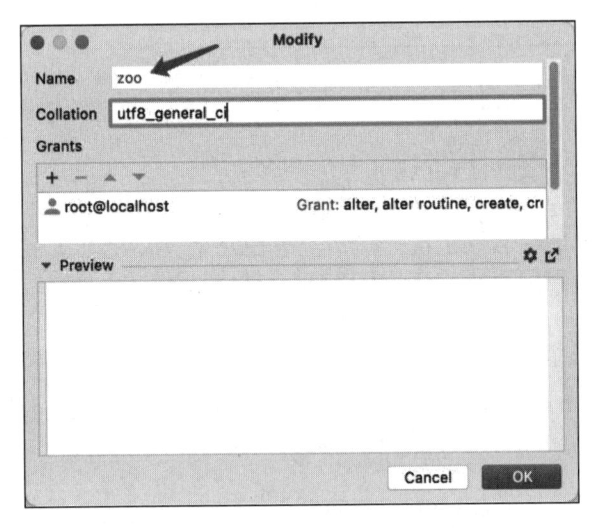

图 2-5　无法使用 DataGrip 修改数据库名称

我们也没办法通过SQL语句修改数据库名称，例如：

```
-- 该语句无法执行
mysql>rename database zoo_ to zoo_1;
```

因此，在创建数据库之前就要想好名字，2.1.4节会讲解如何取个好的数据库名称。

2.1.3　删除数据库

删除数据库有两种常用的方法：

- 使用Workbench删除数据库。
- 使用SQL语句删除数据库。

具体步骤如下：

1. 使用Workbench删除动物园数据库

01 选中 zoo 数据库，右击，在弹出的快捷菜单中选择【Drop Schema...】命令。

02 在弹出的确认删除窗口中，选择【Drop Now】即可。drop 是删除的意思。

2. 使用SQL语句删除动物园数据库

```
mysql>drop database zoo;
-- drop schema 是 drop database 的同义词
mysql>drop schema zoo;
```

警告　删除数据库是高危操作，因此，操作之前要三思。

2.1.4 取个合适的数据库名称

MySQL数据库名称的命名规范：一般情况下由26个英文字母（小写）、0～9自然数、上（下）画线（_）组成，多个单词用上（下）画线（_）分隔。

注意，MySQL数据库名称是不区分大小写的，在工作中建议使用小写的数据库名称。比如你再使用“create database Zoo”命令创建一个Zoo数据库，MySQL会提示该数据库已存在，并会提示下述信息：

```
"Error Code: 1007. Can't create database 'Zoo'; database exists"
```

此外，在项目中，数据库名称还要体现环境信息（开发环境、测试环境、生产环境），如图2-6所示。

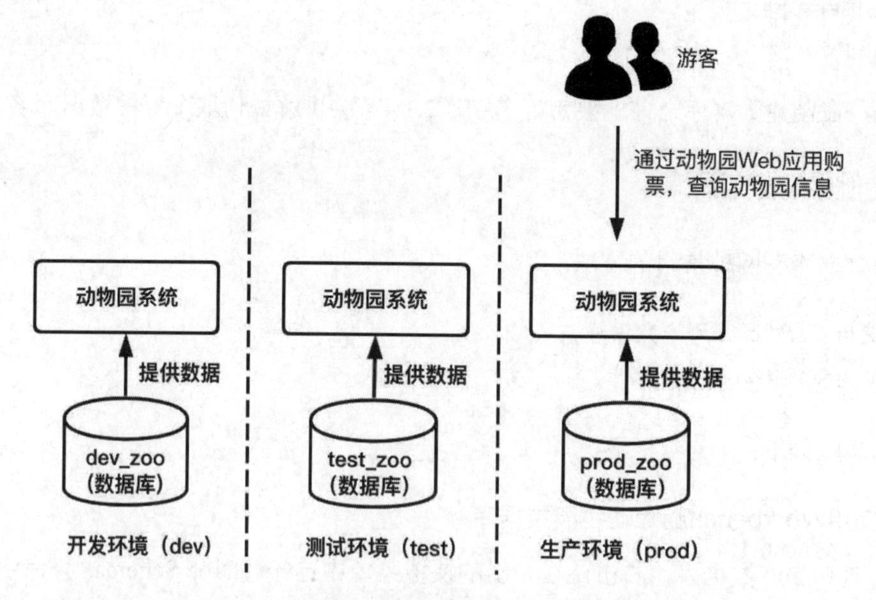

图 2-6　数据库命名

- 开发环境：英文简称dev，程序员开发应用时使用的数据库。
- 测试环境：英文简称test，测试人员测试应用时使用的数据库。
- 生产环境：英文简称prod，正在公开对外的应用，游客购买动物园门票时访问的都是生产环境的数据库。

因此，数据库的命名可以带上环境信息，例如dev_zoo、test-zoo、prod_zoo，当别的研发人员看到这个命名信息时，就能很清楚地知道动物园数据库是属于哪个环境，如果是正式环境的数据库，研发人员在进行相关的SQL操作时也会格外小心。

2.2 表操作

有了动物园数据库zoo，接下来我们开始学习如何创建表（Table）。MySQL的表是存储数据的基本单位，主要用来对数据进行分类，例如动物信息存放在动物表，饲养员信息存放在员工表等。一个表包含若干列（字段），每列（字段）有名称和数据类型。同时，表需要指定主题来唯一标识每一行。

我们可以对表进行各种操作，如增、删、改、查等。

2.2.1 创建第一张表

有以下两种常用的方法可以创建表：

- 使用MySQL客户端创建表。
- 使用SQL语句创建表。

1. 使用MySQL客户端（Workbench / DataGrip）创建表

01 在客户端单击 zoo 数据库，若是 Workbench，则右击 zoo 数据库，在弹出的快捷菜单中选择【Create Table...】命令；若是 DataGrip，则右击 zoo 数据库，在弹出的快捷菜单中依次选择【New】|【Table】命令。

02 在弹出来的页面中填写表名、字段名称、字段类型等信息，如图 2-7 和图 2-8 所示。

03 所有信息填写完成后，在 Workbench 中单击【Apply】按钮，在 DataGrip 中单击【Execute】按钮。

不同的字段（Column）用于存储不同的信息，比如name字段用于存储动物名称，age字段用于存储动物年龄，description字段用于存储动物详细介绍，create_time字段用于存储数据创建时间，update_time字段用于存储数据更新时间，is_delete字段用于存储数据是否被删除（0表示未被删除，1表示已被删除）。

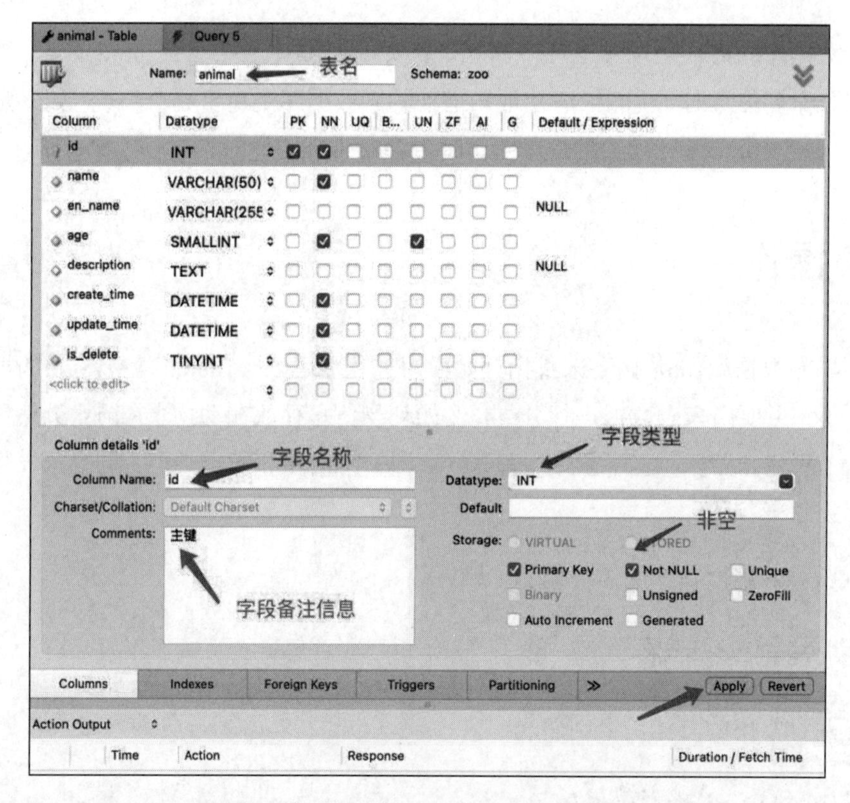

图 2-7　使用 Workbench 创建动物表 animal

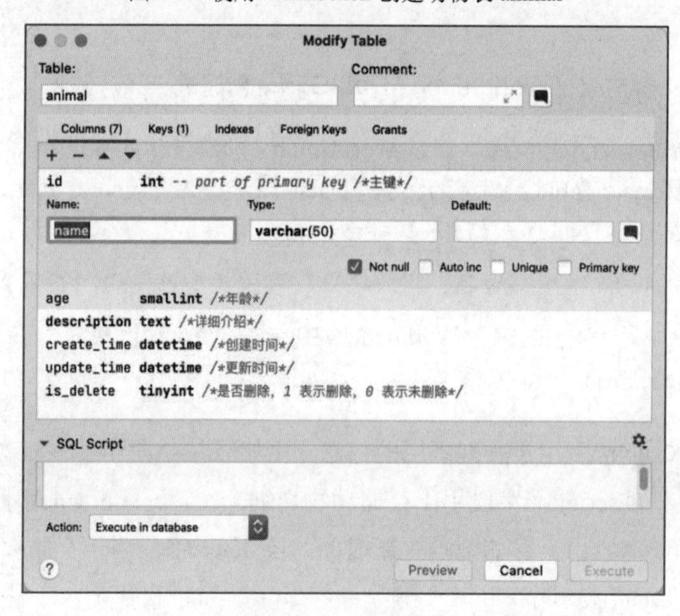

图 2-8　使用 DataGrip 创建动物表 animal

字段还有类型，例如int表示整型，varchar表示字符串类型，datetime表示日期时间类型等。

最后是id字段，id字段是主键且不能为空（勾选【Not Null】复选框表示该字段必填）。所谓主键就是用来唯一标识一行的字段。字段类型、主键等内容在后续章节会详细介绍。

2. 使用SQL语句创建表

使用SQL语句创建动物表animal，具体的SQL语句如下：

```
-- 注释，zoo是动物园数据库
create table 'zoo'.'animal' (
  `id` int not null comment '主键',
  `name` varchar(50) not null comment '动物名称',
  `age` smallint not null comment '年龄',
  `description` text null comment '详细介绍',
  `create_time` datetime not null comment '创建时间',
  `update_time` datetime not null comment '更新时间',
  `is_delete` tinyint not null comment '是否删除，1 表示已删除，0 表示未删除',
 primary key (`id`));
```

使用“create table `zoo`.`animal`”表示在zoo数据库下创建animal表。SQL语句创建表与第一种方式一样，需要指定字段类型、主键、字段备注等信息。

这里简单分析其中一个字段，其他字段类似：

```
-- `id`字段分析
`id` int not null comment '主键',
```

说明：

- id：字段名称。
- int：字段类型，int表示整数。
- not null：表示id字段不能为空。
- comment：字段备注信息。
- primary key (`id`)：表示id是主键。

注意 每个字段定义完成后，需要用英文逗号（,）作为结尾，否则SQL执行后会提示异常。create语句有非常详细的语法，语法一旦错误，MySQL就无法让SQL执行通过。关于create语句详细的语法内容，读者可以参考MySQL官方文档（https://dev.mysql.com/doc/refman/8.0/en/create-table.html）。

2.2.2 表数据插入

有了动物表之后，下一步我们往表里插入数据，插入数据的方法也有很多，这里列举在工作中程序员经常使用的插入数据的方法。

1. 使用insert语句插入数据

insert语句的语法如下：

```
insert into [数据库名].[表名](字段1，字段2， ... ) values (字段值1，字段值2，...);
```

示例：

```
insert into `zoo`.`animal`(id, name, age, description, create_time, update_time, is_delete)
values (1,'东北虎','3','东北虎：是猫科、豹属动物。是虎的亚种之一。','2022-12-01 00:00:00', '2022-12-01 00:00:00',0);
```

其中，表的字段可以省略：

```
insert into `zoo`.`animal` values (1,'东北虎','3','东北虎：是猫科、豹属动物。是虎的亚种之一。','2022-12-01 00:00:00', '2022-12-01 00:00:00',0);
```

字段和字段值必须一一对应，例如，description字段不是必填字段，若我们不想插入description字段的值，则可以使用如下语句：

```
insert into `zoo`.`animal`(id, name, age, create_time, update_time, is_delete)
values (2,'熊猫','1','2022-12-01 00:00:00', '2022-12-01 00:00:00',0);
```

2. 通过Workbench插入数据

使用（编辑当前行）、（插入新行）、（删除选中行）按钮来编辑数据，具体如图2-9所示，操作十分简单，这里不再详细描述。

3. 通过DataGrip插入数据

使用+（添加行）按钮和－（删除行）按钮来编辑数据，如果要修改数据，就直接单击要修改的数据进行编辑即可，如图2-10所示。

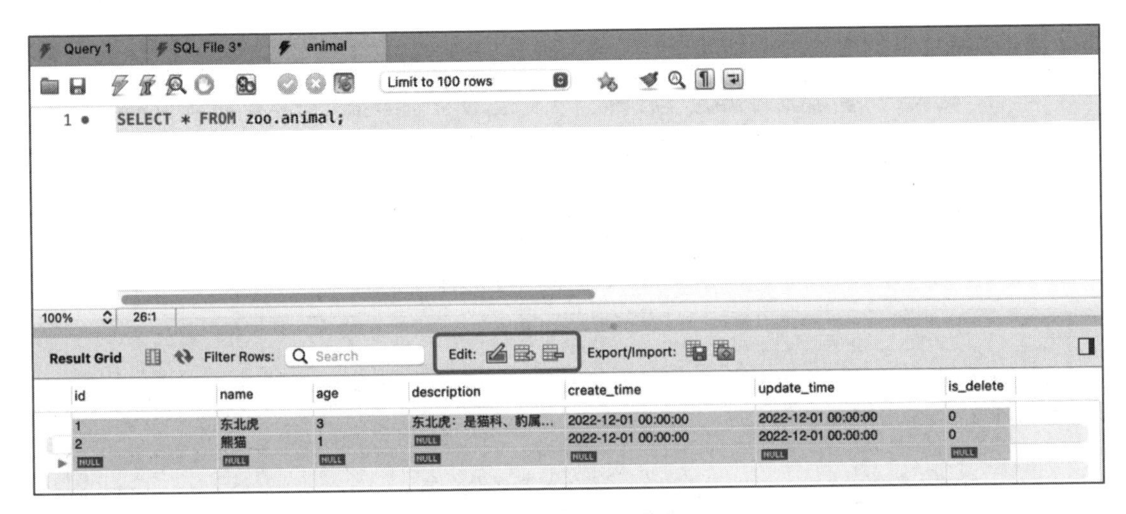

图 2-9　使用 Workbench 编辑数据

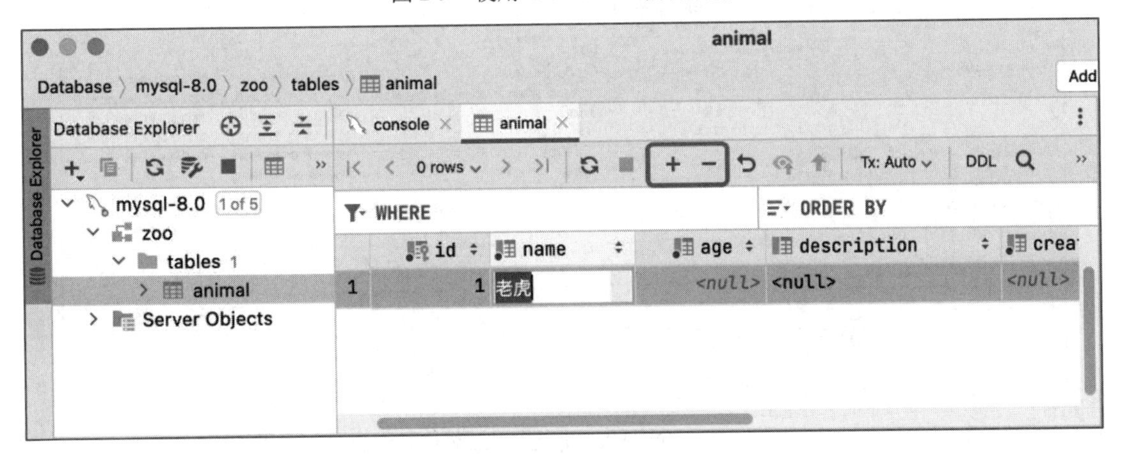

图 2-10　使用 DataGrip 编辑数据

4. 批量导入数据

全世界的动物种类繁多，比如中国最大的动物园长隆野生动物园拥有500多种动物，如果每种动物都通过手工方式来录入数据库，显然是不合适的，一般都是先整理到Excel表格或整理为CSV格式的数据，再通过DataGrip客户端批量导入数据库。我们来看看如何用DataGrip将CSV格式的数据导入到数据库，具体步骤如下：

01 准备 CSV 格式数据，数据之间使用逗号分隔，如图 2-11 所示。

02 在 DataGrip 客户端中右击 animal 表，在弹出的快捷菜单中选择 Import Data from File 命令，选择 animal.csv 文件进行导入，如图 2-12 所示。

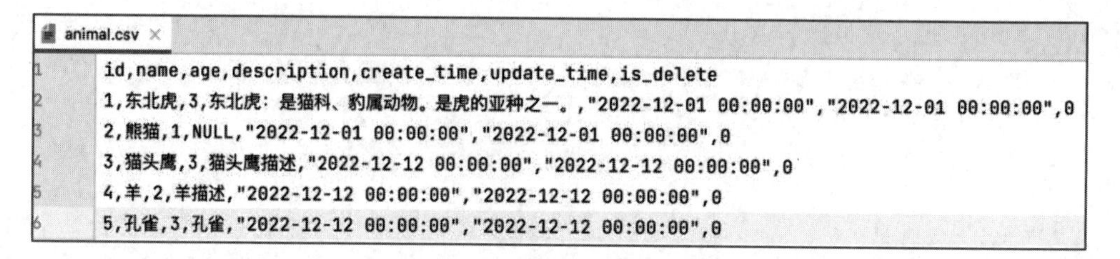

```
animal.csv
id,name,age,description,create_time,update_time,is_delete
1,东北虎,3,东北虎：是猫科、豹属动物。是虎的亚种之一。,"2022-12-01 00:00:00","2022-12-01 00:00:00",0
2,熊猫,1,NULL,"2022-12-01 00:00:00","2022-12-01 00:00:00",0
3,猫头鹰,3,猫头鹰描述,"2022-12-12 00:00:00","2022-12-12 00:00:00",0
4,羊,2,羊描述,"2022-12-12 00:00:00","2022-12-12 00:00:00",0
5,孔雀,3,孔雀,"2022-12-12 00:00:00","2022-12-12 00:00:00",0
```

图 2-11　CSV 格式动物数据

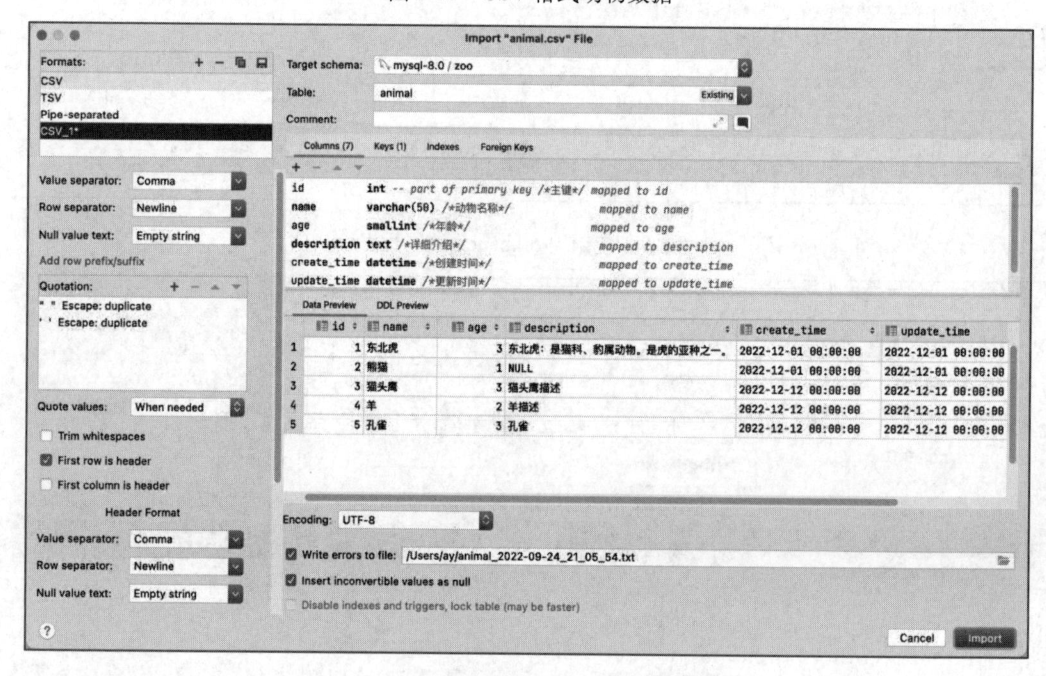

图 2-12　通过 DataGrip 导入 CSV 格式数据

注意　如果使用Workbench导入CSV格式的数据，那么会出现各式各样的问题，这也是推荐读者使用DataGrip客户端的原因。

2.2.3　建表规约

无规矩不成方圆。在企业中，公司要么定义自己的建表规范，要么参考大厂的建表规范，比较有名的就是《阿里巴巴Java开发手册》。该手册是阿里巴巴集团的技术团队的集体智慧结晶和经验总结，经历了多次大规模一线实战的检验并不断进行完善，公开到业界后，众多社区开发者踊跃参与，共同打磨完善，系统化地整理成册。推荐读者把该手册作为工作中的参考词典，在创建表时遵守该手册规约。这里列举几条：

（1）【强制】表达是与否概念的字段必须使用is_xxx的方式进行命名，数据类型是unsigned tinyint（1表示是，0表示否）。

正例：表达逻辑删除的字段名is_deleted，1表示已删除，0表示未删除。

（2）【强制】表名、字段名必须使用小写字母或数字，禁止出现数字开头，禁止两个下画线中间只出现数字。数据库字段名的修改代价很大，因为无法进行预发布，所以字段名称需要慎重考虑。

正例：aliyun_admin、rdc_config、level3_name。反例：AliyunAdmin、rdcConfig、level_3_name。

（3）【强制】表名不使用复数名词。

（4）【强制】主键索引名为pk_字段名，唯一索引名为uk_字段名，普通索引名则为idx_字段名。说明：pk_即primary key，uk_即unique key，idx_即index。

（5）【强制】表必备三字段：id、create_time、update_time。

（6）【推荐】库名与应用名称尽量一致。

（7）【推荐】表的命名最好遵循“业务名称_表的作用”。

（8）【参考】合适的字符存储长度不但能节约数据库表空间、节约索引存储，更重要的是能提升检索速度。

注意　这里只是列举了几条，其中【强制】代表必须遵守的规约，更多内容请读者仔细阅读《阿里巴巴Java开发手册》。

2.2.4　慎重删除表和数据

有时创建的表和数据并非我们所期望的，这时就会涉及对表和数据的删除操作，日常工作中常用的几种删除方式如下。

1. 使用drop table命令删除数据表和数据表中所有的内容

语法如下：

```
drop table table1,table2 ...
```

示例：删除表animal_1。

```
drop table animal_1;
```

可以同时删除多张表，例如，删除表animal_1和animal_2：

```
drop table animal_1,animal_2;
```

警告 drop语句会删除表定义和所有表数据。如果表已分区，则该语句将删除表定义、其所有分区、存储在这些分区中的所有数据以及与删除的表关联的所有分区定义。drop语句删除表时也会删除该表的所有触发器。因此，在工作中，使用drop删除表要特别慎重。

提示 为防止删除表造成不可挽回的损失，也可以对表进行复制，方法是：在DataGrip客户端中选中表animal，右击，在弹出的快捷菜单中选择Copy table to...命令，对animal表进行复制，同时重命名为animal_1、animal_2。

---

2. 使用delete from命令删除MySQL数据表中的记录

如果不想删除表结构，只想删除表中的数据，可以使用delete语句。语法如下：

```
DELETE [LOW_PRIORITY] [QUICK] [IGNORE] FROM tbl_name [[AS] tbl_alias]
    [PARTITION (partition_name [, partition_name] ...)]
    [WHERE where_condition]
    [ORDER BY ...]
    [LIMIT row_count]
```

语法很长，读者只需要关注加粗语法即可。

示例：

```
-- 删除animal_1表中所有数据
delete from animal_1;
-- 删除animal_1表中id=1的数据
delete from animal_1 where id = 1;
```

如果没有指定where子句，MySQL表中的所有记录将被删除。可以在where子句中指定任何条件。

3. 使用truncate table命令删除MySQL数据表中的记录

truncate语句的语法很简单，语法如下：

```
truncate [table] tbl_name
```

truncate table可以完全清空表数据。从逻辑上讲，truncate table类似于删除所有行的delete语句，或一系列drop table和create table语句。

上述3种删除方法的区别如表2-1所示。

表 2-1　3 种删除方法的区别

drop table	truncate table	delete from
表及其所有关系、索引、权限、触发器等将被永久删除	表行被永久删除	表行不会被永久删除
无法执行回滚操作来撤销	无法执行回滚操作来撤销	可以执行回滚操作来撤销
不能使用 where 条件	不能使用 where 条件	可以使用 where 条件
数据定义语言（DDL）语句	数据定义语言（DDL）语句	数据操作语言（DML）语句
执行速度快	执行速度较快	执行速度慢

2.2.5　修改表和表结构

工作中如果发现创建的表字段名、字段类型、字段注释等信息有问题，那么在测试环境下一般采用MySQL客户端工具进行修改；如果是正式环境，则需要提交SQL语句进行修改。因此，这两种方式读者都需要掌握。

1. MySQL客户端修改表和表结构

使用DataGrip工具，右击需要修改的表，在弹出的快捷菜单中选择Modify Table...命令，根据需要调整表和表结构信息即可，如图2-13所示。

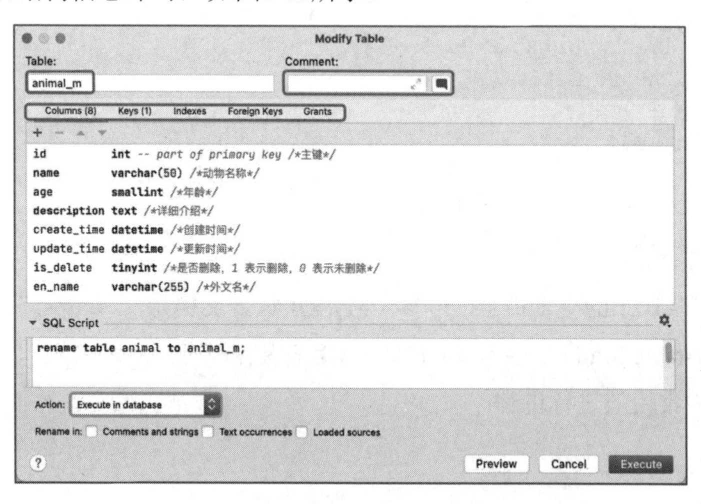

图 2-13　通过 DataGrip 修改表和表结构

2. SQL语句修改表和表结构

MySQL修改表语句的定义非常长，具体如下：

```
ALTER TABLE tbl_name
    [alter_option [, alter_option] ...]
    [partition_options]

alter_option: {
    table_options
  | ADD [COLUMN] col_name column_definition
      [FIRST | AFTER col_name]
  | ADD [COLUMN] (col_name column_definition,...)
  | ADD {INDEX | KEY} [index_name]
      [index_type] (key_part,...) [index_option] ...
  | ADD {FULLTEXT | SPATIAL} [INDEX | KEY] [index_name]
      (key_part,...) [index_option] ...
  | ADD [CONSTRAINT [symbol]] PRIMARY KEY
      [index_type] (key_part,...)
      [index_option] ...
  | ADD [CONSTRAINT [symbol]] UNIQUE [INDEX | KEY]
      [index_name] [index_type] (key_part,...)
      [index_option] ...
  | ADD [CONSTRAINT [symbol]] FOREIGN KEY
      [index_name] (col_name,...)
      reference_definition
  | ADD [CONSTRAINT [symbol]] CHECK (expr) [[NOT] ENFORCED]
  | DROP {CHECK | CONSTRAINT} symbol
  | ALTER {CHECK | CONSTRAINT} symbol [NOT] ENFORCED
  | ALGORITHM [=] {DEFAULT | INSTANT | INPLACE | COPY}
  | ALTER [COLUMN] col_name {
      SET DEFAULT {literal | (expr)}
    | SET {VISIBLE | INVISIBLE}
    | DROP DEFAULT
    }
  | ALTER INDEX index_name {VISIBLE | INVISIBLE}
...此处省略多页代码
```

关于ALTER TABLE的更多内容，可参考MySQL官方文档定义（https://dev.mysql.com/doc/refman/8.0/en/alter-table.html）。由于ALTER TABLE内容很多，涉及的知识点也很多，因此这里先挑几点工作中常用的进行讲解。

1）修改表名和备注信息

如果表的名称或者备注不合理，那么可以通过如下语句进行修改：

```
-- rename 原表 to 目标表，可以重命名表名称
rename table animal to animal_m;
-- 修改表备注信息
alter table animal comment '动物表';
```

2）新增表字段

以2.2.1节的animal表为例：

```
-- auto-generated definition
create table animal
(
    id          int          not null comment '主键'  primary key,
    name        varchar(50)  not null comment '动物名称',
    age         smallint     not null comment '年龄',
    description text         null comment '详细介绍',
    create_time datetime     not null comment '创建时间',
    update_time datetime     not null comment '更新时间',
    is_delete   tinyint      not null comment '是否删除，1 表示已删除，0 表示未删除'
)
```

假如想添加英文名字段en_name来存储动物的英文名称，比如猫-Cat、老虎-tiger，则具体SQL语句如下：

```
-- animal表添加en_name字段
alter table animal add en_name varchar(255) null comment '英文名';
```

说明：

- alter table animal：表示要修改animal表。
- add en_name：修改表的动作有很多，比如增加字段就用add，删除字段就用drop。add en_name就表示要添加字段en_name。
- varchar(255) null comment '英文名'：字段名称已经有了，还需要给字段添加长度、是否允许为空、备注等信息。varchar(255)代表字段是字符型，长度为255；null表示允许字段为空，如果不允许字段为空，则使用not null；comment '英文名'表示字段备注信息，代表这个字段是用来存储动物的英文名。

如果想同时给表增加多个字段，则可以在alter table语句中使用多个add子句，以逗号分隔，具体示例如下：

```
-- 同时添加多个字段
alter table animal
```

```
    add kingdom varchar(64) null comment '界',
    add phylum varchar(64) null comment '门';
```

3）删除表字段

删除表字段的示例如下：

```
-- 删除字段en_name
alter table animal drop column en_name;
-- 与添加多字段类似，可以同时删除多个字段
alter table animal
    drop column kingdom,
    drop column phylum;
```

注意　如果表只包含一列，则不能删除该列。如果打算删除该表，则改用drop table语句。如果从表中删除列，则字段所对应的索引也会被删除。如果删除组合索引的所有列，则索引也会被删除。

读者可以自己练习给animal表添加界（Kingdom）、门（Phylum）、纲（Class）、目（Order）、科（Family）、属（Genus）、种（Species）等字段。

4）修改表字段及定义

（1）rename子句：

rename可以更改字段名称（列名），但不能更改其定义。示例如下：

```
-- 重命名en_name为en_name_v2
alter table animal rename column en_name to en_name_v2;
```

在不更改列定义的情况下，rename比modify更方便。

（2）modify子句：

modify可以更改字段定义（列定义），但不能更改其名称。示例如下：

```
-- 修改animal表字段长度为255，备注信息为名称
alter table animal modify name varchar(255) not null comment '名称';
```

在不重命名列定义的情况下，modify比change更方便。

（3）change子句：

change子句可以同时重命名列并更改其定义。示例如下：

```
-- 可同时修改字段名称和字段定义
alter table animal change en_name_v2 en_name varchar(64) not null comment '英文名';
```

change比modify或rename有更多的功能，但是也有代价：如果不重命名列，则change需要对列进行两次命名；如果仅重命名列，则change要求重新指定列定义。

5）调整字段顺序

仍然以animal表为例：

```
create table animal
(
    id           int          not null comment '主键'  primary key,
    name         varchar(50)  not null comment '动物名称',
    age          smallint     not null comment '年龄',
    description  text         null comment '详细介绍',
    create_time  datetime     not null comment '创建时间',
    update_time  datetime     not null comment '更新时间',
    is_delete    tinyint      not null comment '是否删除，1 表示删除，0 表示未删除',
    en_name      varchar(255) null comment '英文名'
)
```

工作中表的字段会很多，有时候显示器不够大会导致有些字段只能通过滚动屏幕才能看清，因此，我们往往会把重要的字段放在前面，不重要的字段放在后面。比如上述animal表，如果我们希望把en_name字段放在name后面，可以使用after子句：

```
-- 调整en_name顺序，放在name后面
alter table animal modify en_name varchar(255) null comment '英文名' after name;
```

本节主要讲解表以及表字段的调整（增/删/改表字段以及调整表字段顺序），关于表索引、主键等内容，会在后续的章节进行详细介绍。

2.2.6　表结构/表数据导出

之所以要导出表结构或者表数据，是因为研发人员在开发环境研发完毕后，要将这些表和数据部署到测试环境，研发人员不可能在测试环境或者生产环境重新再创建一遍表或者重新初始化表数据。表结构和表数据的导入与导出如图2-14所示。

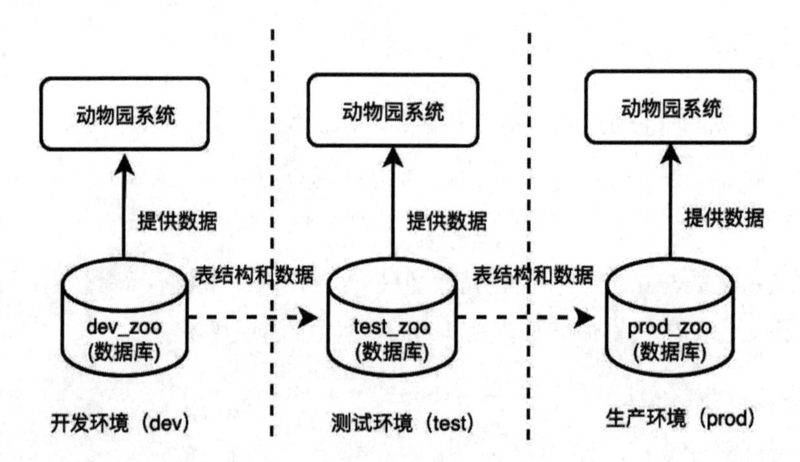

图 2-14　表结构和表数据的导入与导出

可以采取两种方式进行表结构（表数据）的导出：

1. 使用DataGrip导出

右击zoo数据库，在弹出的快捷菜单中选择Export With 'mysqldump'命令，在弹出的对话框中填写相应的信息，如图2-15所示。

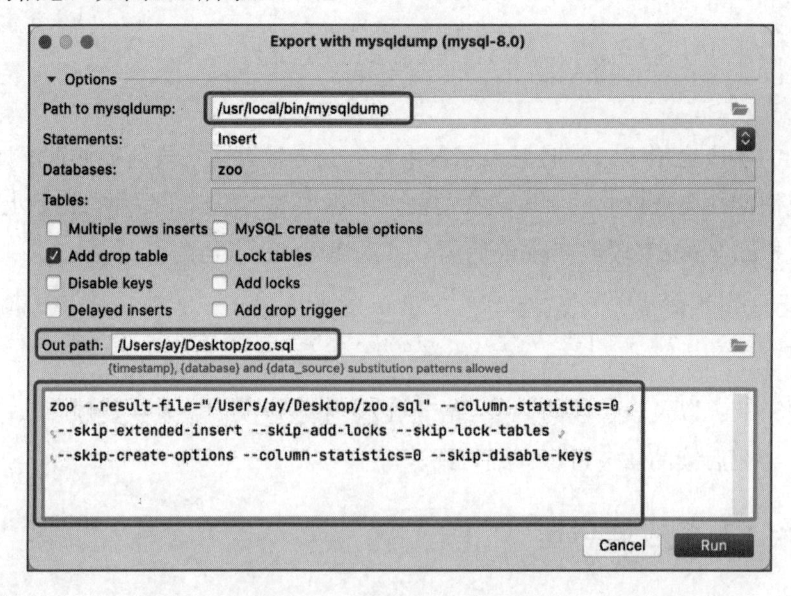

图 2-15　使用 DataGrip 导出表数据

mysqldump是MySQL的数据备份工具，Path to mysqldump用于配置mysqldump工具的路径；Out path用于配置导出的文件名称和路径；而中间部分，例如Add drop table（配置是否添加drop语句，当表存在时，先删除表再创建表）、Lock tables（配置是否锁表）等用于配置导出的相关的配置，读者可先不用关注。

通过DataGrip客户端调用mysqldump工具进行导出，与直接调用mysqldump工具进行导出本质是一样的，接下来演示如何调用mysqldump工具导出数据。

2. 使用mysqldump工具导出

mysqldump工具可以备份数据，并将数据导出到CVS或者XML格式文件，调用语法如下：

```
mysqldump [options] db_name [tbl_name ...]
mysqldump [options] --databases db_name ...
mysqldump [options] --all-databases
```

示例一：对单个数据库进行备份。

```
-- 备份动物园数据库 -u指定用户名， -p指定密码，zoo是数据库名称
-- > backup-zoo.sql 表示导出到backup-zoo.sql文件中
mysqldump -u root -p  zoo > backup-zoo.sql
Enter password: 此处输入root用户对应的密码
```

示例二：可以使用一个命令转储多个数据库。

```
-- 导出多个数据库zoo 和 zoo_v2
mysqldump -u root -p --databases  zoo zoo_v2 > multi-backup-file.sql
```

示例三：导出数据库中的表。

```
-- 导出zoo数据库的animal表
mysqldump -u root -p  zoo animal > back-zoo-single-table.sql
-- 导出zoo数据库的animal和 animal_1表
mysqldump -u root -p  zoo animal animal_1 > back-zoo-multi-table.sql
```

示例四：导出所有数据库。

```
-- 导出所有数据库
mysqldump -u root -p --all-databases > all_databases.sql
```

关于mysqldump工具的更多内容，读者可参考官方文档（https://dev.mysql.com/doc/refman/8.0/en/mysqldump.html）。

第 3 章

MySQL常用数据类型

本章主要介绍MySQL数据类型（数值数据类型、日期和时间类型以及字符串数据类型）和表达式。数值数据类型包括：整数类型、浮点型类型、定点型类型、bit类型。日期和时间类型包括：日期类型和时间类型。字符串数据类型包括：char和varchar类型、blob和text类型、enum和set类型以及JSON类型。

所谓数据类型，是指用来表示某个字段（列）的数据内容格式是数字（例如123）、字符（例如“老虎”“狮子”），还是日期（例如2022-12-20、2022-12-20 50:00:00）。

MySQL支持的数据类型有数值数据类型、日期和时间类型、字符串（字符和字节）类型、空间类型和JSON数据类型等。

3.1 数值数据类型

MySQL支持所有标准SQL数值数据类型，这种数据类型包括整数类型、浮点数类型、定点数类型和bit数据类型。数值数据类型由精确数据类型和近似数值数据类型。

3.1.1 整数类型

整数类型，也是MySQL中的精确数值类型。整数类型主要有tinyint、smallint、int、mediumint、bigint、decimal和numeric等。bit数据类型也属于整数类型，存储位值（0和1）。

整数类型定义的语法格式如下所示，这里只简单定义几种。

```
-- tinyint 语法格式
tinyint[(m)] [unsigned] [zerofill]
-- smallint 语法格式
smallint[(m)] [unsigned] [zerofill]
-- int语法格式
int[(m)] [unsigned] [zerofill]
```


说明：

- m：表示最大显示宽度。最大显示宽度为255。对于整数数据类型，显示宽度与类型可以存储的值的范围无关；对于浮点和定点数据类型，m是可以存储的总位数。
- unsigned：表示整数是无符号类型（unsigned），可以为负数。如果是有符号类型（signed），则数值范围是0～255。
- zerofill：如果为数字列指定zerofill，则MySQL会自动将unsigned属性添加到该列。从MySQL 8.0.17开始，zerofill属性已正式被数据类型弃用，读者可以暂时不用关注。

整数类型在工作中用得非常多，这个知识点也很重要。整数类型字面意思就是用来存储整数，仍然以animal表为例：

```
-- auto-generated definition
create table animal
(
   Id           int            not null comment '主键' primary key,
   name         varchar(50)    not null comment '动物名称',
   en_name      varchar(255)   null comment '英文名',
   age          smallint       not null comment '年龄',
   description   text          null comment '详细介绍',
   create_time  datetime       not null comment '创建时间',
   update_time  datetime       not null comment '更新时间',
   is_delete    tinyint        not null comment '是否删除，1 表示已删除，0 表示未删除'
) charset = utf8mb4;
```

animal表的age字段使用smallint整数类型（范围：-32768～32767），有符号类型（signed）。无符号类型（unsigned）属性的数值数据类型也允许有符号类型（signed）。这些数据类型默认是有符号的，因此smallint默认就是有符号类型。其实动物的年纪不可能出现负数，因此age字段可以优化为无符号类型，具体SQL语句如下：

```
### 使用alter语句修改age字段符号类型
mysql> alter table animal modify age smallint unsigned not null comment '年龄';
```

除了考虑整数类型的符号性外，还有一点非常重要，就是整数类型占用的存储空间不同。表3-1给出了每种整数类型所需的存储空间和范围。

表 3-1　整数类型存储空间和范围（来自 MySQL 官网）

Type	Storage(Bytes)	Minimum Value Signed	Minimum Value Unsigned	Minimum Value Signed	Minimum Value Unsigned
TINYINT	1	−128	0	127	255
SMALLINT	2	−32768	0	32767	65535
MEDIUMINT	3	−8388608	0	8388607	16777215
INT	4	−2147483648	0	2147483647	4294967295
BIGINT	8	-2^{63}	0	$2^{63}-1$	$2^{64}-1$

从表中可以看出，tinyint占用1字节，smallint、mediumint、int以及bigint分别占2、3、4、8字节。占字节数少的整数可以节省存储空间，但是，不能为了节省存储空间就牺牲可靠性。比如animal表的age字段 使用无符号的smallint类型（范围为0～32767）而不使用无符号的tinyint类型（范围为0～255）。在实际工作中，系统故障产生的成本远远超过增加存储空间所产生的成本。因此，建议首先确保数据不会超过整数的取值范围，在这个前提之下，再去考虑如何节省存储空间。

3.1.2　浮点数类型

浮点数类型简单理解就是用来保存小数（例如9.9、12.9等）的数据类型，主要有float和double，浮点数类型是一种近似数值类型。

float表示单精度浮点数，占4字节，精度是6位；double 表示双精度浮点数，占8字节，精度是16位。

我们可以这样理解：

（1）当数据插入float类型的字段时，MySQL会优先保留6位有效数字，对右侧的数字进行四舍五入。

（2）当数据插入double类型的字段时，MySQL会优先保留16位有效数字，对右侧的数字进行四舍五入。

float类型示例如下：

```
mysql> create table float_test(
  t_float_a float,t_float_b float,t_float_c float,
  t_float_d float,t_float_e float,t_float_f float,
  t_float_i float
);

mysql> insert into float_test(
  t_float_a ,t_float_b ,t_float_c ,
  t_float_d ,t_float_e ,t_float_f ,
  t_float_i ) value(
   123456,1234567,12345678901,12345.6,12345.61,123.456, 1234.1234
);

mysql> select * from float_test;
+-------+--------+-----------+-------+-------+-------+--------+
|t_float_a|t_float_b|t_float_c|t_float_d|t_float_e|t_float_f|t_float_i|
+-------+--------+-----------+-------+-------+-------+--------+
|123456 |1234570 |12345700000 |12345.6 |12345.6 |123.456 |1234.12 |
+-------+--------+-----------+-------+-------+-------+--------+
```

double类型示例如下：

```
mysql> create table double_test(
    t_double_a double,
    t_double_b double,
    t_double_c double,
    t_double_d double
);

mysql> insert into double_test (t_double_a, t_double_b, t_double_c, t_double_d)
values(1234567890123456, 12345678901234567, 123.12345678901, 1234567890.123456);

mysql> select * from double_test;
+----------------+-----------------+-------------+----------------+
| t_double_a     | t_double_b      | t_double_c    | t_double_d       |
+----------------+-----------------+-------------+----------------+
| 1234567890123456|12345678901234568|123.12345678901| 1234567890.123456|
+----------------+-----------------+-------------+----------------+
```

MySQL支持可选精度规范，如float(p)。p的取值范围是0～53，超过范围会报错。另外，p仅用来决定MySQL内部是采用float还是double存储。p为0～23的精度会产生一个4字节的单精度float列，p为24～53的精度会产生一个8字节的双精度double列。

MySQL允许使用非标准语法：float(m,d)或real(m,d)或double precision(m,d)。这里，(m,d)表示最多可以存储m位的值，保留d位小数。例如，定义为float(7,4)的列显示为-999.9999。MySQL在存储值时执行舍入，因此如果将999.00009插入Float(7,4)列，则近似结果为999.0001。

浮点数最大的问题就是不精准，例如：

```
mysql> create table product(id int , product_name varchar(255), price double);
-- 计算：3.41 + 3.44 + 1.13 = 7.98
mysql> insert into product(id, product_name, price)values (1, '电脑', 3.41);
mysql> insert into product(id, product_name, price)values (2, '鼠标', 3.44);
mysql> insert into product(id, product_name, price)values (3, '键盘', 1.13);
mysql> select sum(price) from product;
+--------------------+
| sum(price)         |
+--------------------+
| 7.9799999999999995 |
+--------------------+
1 row in set (0.01 sec)
```

预期的结果是7.89，可实际的结果是7.9799999999999995，明显不符合预期。那有没有更精确的数据类型呢？当然有，就是接下来要讲解的定点数类型。

3.1.3 定点数类型

MySQL使用decimal和numeric类型存储精确的数字数据值，当需要保持精确的精度时使用这些类型，例如货币数据，因此，定点数类型也是精确数据类型。在MySQL中，numeric被实现为decimal，因此以下关于decimal的用法同样适用于numeric。

MySQL使用decimal（m,d）的方式表示高精度小数。其中，m 表示整数部分加小数部分，一共有多少位，m≤65；d表示小数部分位数，d<m。

decimal示例如下：

```
mysql> create table product_v2(id int , product_name varchar(255), price
decimal(5,2));
-- 计算：3.41 + 3.44 + 1.13 = 7.98
mysql> insert into product_v2(id, product_name, price)values (1, '电脑', 3.41);
mysql> insert into product_v2(id, product_name, price)values (2, '鼠标', 3.44);
mysql> insert into product_v2(id, product_name, price)values (3, '键盘', 1.13);
-- decimal(5,2)储值范围为 -999.99～999.99
mysql> select sum(price) from product_v2;
```

```
+-------------+
| sum(price)  |
+-------------+
|     7.98    |
+-------------+
1 row in set (0.00 sec)
```


标准SQL要求decimal（5，2）能够存储任何具有5位整数和2位小数的值，因此可以存储的值范围为-999.99～999.99。在标准SQL中，语法decimal（m）等效于decimal（m，0）。类似地，语法decimal等效于decimal（m，0）。m的默认值为10。

从结果可以看出，得出的结果满足预期。定点数类型取值范围相对较小，但是精准，没有误差，适合对精度要求极高的场景，比如涉及金额计算的场景。定点数类型非常重要，在工作中会经常被用到，因此读者要重点掌握，用心实践方能出真知。

3.1.4　bit类型

bit类型用于存储位值。bit（m）允许存储m位值，m的范围为1～64。要指定位值，可以使用b'value'表示法。值是使用0和1写入的二进制值。例如，b'111'和b'10000000'分别表示7和128。bit类型示例如下：

```
-- 创建表
mysql> create table bit_test (bit_1 bit(8));
-- 插入数据
mysql> insert into bit_test SET bit_1 = b'11111111';
mysql> insert into bit_test SET bit_1 = b'1010';
mysql> insert into bit_test SET bit_1 = b'0101';

mysql> select bin(bit_1), oct(bit_1), hex(bit_1) from bit_test;
+------------+------------+------------+
| bin(bit_1) | oct(bit_1) | hex(bit_1) |
+------------+------------+------------+
| 11111111   | 377        | FF         |
| 1010       | 12         | A          |
| 101        | 5          | 5          |
+------------+------------+------------+
3 rows in set (0.00 sec)
```

bin()、oct()以及hex()函数用于将字段的值转化为二进制、八进制以及十六进制。如果为长度小于m位的bit(m)列赋值，则该值将在左侧用零填充。例如，将值b'101'分配给bit(6)列，实际上与赋值b'000101'相同。

3.1.5 数值类型属性

MySQL支持在类型的基本关键字后面的括号中指定整数数据类型的显示宽度，例如int(4)指定一个显示宽度为4位数的int。当整数值的宽度小于为列宽度指定的显示宽度时，MySQL用空格左填充它们。

显示宽度不限制可存储在列中的值范围，它也不会阻止宽于列显示宽度的值正确显示。例如，指定为smallint(3)的列通常具有-32768～32767的smallint范围，并且超出3位数字允许范围的值将使用3位以上的数字完整显示。

当与zerofill属性结合使用时，默认的以空格填充将替换为以0填充。例如，对于声明为int(4) zerofill的列，将检索值5填充为0005。

注意 从MySQL 8.0.17开始，数值数据类型的zerofill属性被弃用，整数数据类型的显示宽度属性也是如此。

3.1.6 超出范围和溢出处理

当MySQL将值存储在超出列数据类型允许范围的数字列中时，结果取决于当时有效的SQL模式：

- 如果启用了严格SQL模式，则MySQL会拒绝超出范围的值并显示错误，插入失败。
- 如果未启用限制模式，则MySQL会将值裁剪到列数据类型范围的相应端点，并改为存储结果值。

当将超出范围的值分配给整数列时，MySQL将存储表示列数据类型范围的相应端点的值（也就是最值）。下面看一个具体示例：

```
-- 创建表
mysql> create table t1 (i1 tinyint, i2 tinyint unsigned);
-- 严格SQL模式
mysql> set sql_mode = 'TRADITIONAL';

mysql> insert into t1(i1,i2) values(256, 256);
ERROR 1264 (22003): Out of range value for column 'i1' at row 1
```

如果未启用严格SQL模式，则会出现带有警告的提示。

```
-- 未启用严格 SQL 模式
mysql> set sql_mode = '';
mysql> insert into t1 (i1, i2) values(256, 256);
mysql> show warnings;
+---------+------+---------------------------------------------+
| Level   | Code | Message                                     |
+---------+------+---------------------------------------------+
| Warning | 1264 | Out of range value for column 'i1' at row 1 |
| Warning | 1264 | Out of range value for column 'i2' at row 1 |
+---------+------+---------------------------------------------+
mysql> select * from t1;
+------+------+
| i1   | i2   |
+------+------+
|  127 |  255 |
+------+------+
1 row in set (0.00 sec)
```

如果是数值表达式，在计算期间溢出则会导致错误。例如，最大的有符号bigint值是9223372036854775807，因此以下表达式会产生错误：

```
mysql> select 9223372036854775807 + 1;
ERROR 1690 (22003): BIGINT value is out of range in '(9223372036854775807 + 1)'
```

若要使操作在这种情况下成功，可将值转换为无符号值：

```
mysql> select cast(9223372036854775807 as unsigned) + 1;
+-------------------------------------------+
| CAST(9223372036854775807 AS UNSIGNED) + 1 |
+-------------------------------------------+
|                       9223372036854775808 |
+-------------------------------------------+
```

是否发生溢出取决于操作数的范围，因此处理上述表达式的另一种方法是使用精确值算法，因为decimal值的范围大于整数：

```
mysql> SELECT 9223372036854775807.0 + 1;
+---------------------------+
| 9223372036854775807.0 + 1 |
+---------------------------+
|     9223372036854775808.0 |
+---------------------------+
```

默认情况下，整数值之间的减法（其中一个值的类型为 unsigned）将产生无符号结果。如果结果本来是负数，则会产生错误：

```
mysql> SET sql_mode = '';
Query OK, 0 rows affected (0.00 sec)

mysql> select cast(0 as unsigned) - 1;
ERROR 1690 (22003): BIGINT UNSIGNED value is out of range in '(cast(0 as unsigned)
- 1)'
```

如果启用了no_unsigned_subtraction sql模式，则结果为负数：

```
mysql> set sql_mode = 'no_unsigned_subtraction';
mysql> select cast(0 as unsigned) - 1;
+-------------------------+
| CAST(0 AS UNSIGNED) - 1 |
+-------------------------+
|                      -1 |
+-------------------------+
```

3.2　日期和时间类型

日期和时间类型也是非常重要的知识点，几乎所有的表都会用到。比如，第2章中animal表的创建时间create_time和更新时间update_time就是日期时间类型（datetime）。其他类型有date（日期）、time（时间）、timestamp（时间戳）和year（年），具体如表3-2所示。

表 3-2　日期和时间类型

类型名称	格　式	范　围	存储需要
YEAR	YYYY	1901-2155	1 字节
TIME	HH:MM:SS	-838:59:59 到 838:59:59	3 字节
DATE	YYYY-MM-DD	1000-01-01 到 9999-12-3	3 字节
DATETIME	YYYY-MM-DD HH:MM:SS	1000-01-01 00:00:00 到 9999-12-31 23:59:59	8 字节
TIMESTAMP	YYYY-MM-DD HH:MM:SS	1970-01-01 00:00:01 UTC 到 2038-01-19 03:14:07 UTC	4 字节

从表3-2可知，不同的类型，其数据格式、取值范围以及占用内存空间大小各不相同。建议读者在真实的工作中，尽量使用日期时间类型（datetime），虽然它占用的字节最多，但可同时表示日期和时间，使用起来也比较方便。

提示　允许使用字符串或数字将值分配给日期和时间类型，比如将字符串“2022-11-11 12:00:00”赋值给datetime类型。

3.2.1　时间小数秒精确度

MySQL允许time、datetime和timestamp值的小数秒精度高达微秒（6位）。若要定义包含秒小数部分的列，则需要使用语法 type_name（fsp），其中type_name是时间、日期时间或时间戳，fsp是秒的小数部分精度。例如：

3

```
-- 指定小数秒精确度
mysql> create table t1 (t time(3), dt datetime(6), ts timestamp(0));
```

这个MySQL语句用于创建一张名为t1的表，该表包含3个字段：t、dt和ts。这3个字段的数据类型分别为time(3)、datetime(6)和timestamp(0)。

- t：数据类型为time，表示时间，精确到秒。这里的数字3表示小数点后的位数，即保留3位小数。
- dt：数据类型为datetime，表示日期和时间，精确到微秒。这里的数字6表示小数点后的位数，即保留6位小数。
- ts：数据类型为timestamp，表示日期和时间，精确到毫秒。这里的数字0表示不保留小数位。

如果给定fsp值，则必须在0到6的范围内，值为0表示没有小数部分。如果省略，则默认精度为0。

如果将带有秒小数部分的time、date或timestamp值插入相同类型但小数位数较少的列中，则会导致舍入，例如：

```
mysql> create table fractest( c1 time(2), c2 datetime(2), c3 timestamp(2) );
mysql> insert into fractest values
('17:51:04.777', '2018-09-08 17:51:04.777', '2018-09-08 17:51:04.777');
```

以舍入方式插入表中：

```
mysql> select * from fractest;
+-------------+------------------------+------------------------+
| c1          | c2                     | c3                     |
+-------------+------------------------+------------------------+
| 17:51:04.78 | 2018-09-08 17:51:04.78 | 2018-09-08 17:51:04.78 |
+-------------+------------------------+------------------------+
```

提示　发生此类舍入时不会给出警告或错误。此行为遵循 SQL 标准。

如果不期望插入的值发生舍入，而是直接截断，那么可以启用TIME_TRUNCATE_FRACTIONAL SQL模式：

```
SET @@sql_mode = sys.list_add(@@sql_mode, 'TIME_TRUNCATE_FRACTIONAL');
```

启用该SQL模式后，插入时发生截断：

```
mysql> select * from fractest;
+-------------+------------------------+------------------------+
| c1          | c2                     | c3                     |
+-------------+------------------------+------------------------+
| 17:51:04.77 | 2018-09-08 17:51:04.77 | 2018-09-08 17:51:04.77 |
+-------------+------------------------+------------------------+
```

3.2.2 日期和时间类型转换

在某种程度上，可以将值从一种类型转换为另一种类型，但是，可能会丢失一部分信息。通常类型之间的转换都受结果类型的有效值范围的约束。例如，尽管可以使用同一组格式指定date、datetime和timestamp值，但这些类型并不都具有相同的值范围，时间戳（timestamp）的值不能早于1970 UTC 或晚于2038-01-19 03：14：07 UTC，这意味着诸如1968-01-01之类的日期虽然作为date或datetime值有效，但作为timestamp值则无效，并转换为0。因此日期和时间类型的转换，要特别注意信息丢失的情况。

1. 日期（date）值的转换

（1）转换为datetime或timestamp值会添加00：00：00的时间部分，因为date值不包含时间信息。

（2）转换为time值没有用，结果为00：00：00。

2. 日期时间和时间戳值的转换

（1）转换为date值需要考虑秒的小数部分，并对时间部分进行舍入。例如，1999-12-31 23：59：59.499变为1999-12-31，而1999-12-31 23：59：59.500变为2000-01-01。

（2）转换为time值将放弃日期部分，因为time类型不包含日期信息。

3. 时间类型的转换

为了将time值转换为其他类型，日期部分使用current_date()的值。time被解释为经过的时间（而不是一天中的时间）并添加到日期中，这意味着如果时间值超出00：00：00到23：59：59的范围，则结果的日期部分与当前日期不同。

例如：假设当前日期为2012-01-01。time值12：00：00、24：00：00和-12：00：00转换为datetime或时间戳值时，分别生成2012-01-01 12：00：00、2012-01-02 00：00：00和2011-12-31 12：00：00。

time到date的转换类似，但丢弃结果中的时间部分，转换结果分别是2012-01-01、2012-01-02和2011-12-31。

将time和datetime值转换为数字形式取决于该值是否包含秒小数部分。当秒小数部分的n为0（或省略）时，time(n)或datetime(n)将转换为整数；当n大于0时，将转换为具有n个十进制数字的十进制值，例如：

```
mysql> select curtime(), curtime()+0, curtime(3)+0;
+-----------+-------------+--------------+
| curtime() | curtime()+0 | curtime(3)+0 |
+-----------+-------------+--------------+
| 09:28:00  |       92800 |    92800.887 |
+-----------+-------------+--------------+
mysql> select now(), now()+0, now(3)+0;
+---------------------+----------------+--------------------+
| now()               | now()+0        | now(3)+0           |
+---------------------+----------------+--------------------+
| 2012-08-15 09:28:00 | 20120815092800 | 20120815092800.889 |
+---------------------+----------------+--------------------+
```

提示　curtime()用于获取当前时间，now()用于获取当前日期时间，+0用于将time和datetime值转换为数字形式。

3.3　字符串数据类型

字符串数据类型也是非常重要的，在工作中的使用频率也非常高。字符串数据类型包括char、varchar、binary、varbinary、blob、text、enum和set。比如animal表中的动物名字（字段name）、详细描述（字段description）等都是字符串数据类型。

对于字符串列（char、varchar和text类型）的定义，MySQL以字符为单位。对于二进制字符串列（binary、vabinary和blob类型）的定义，MySQL以字节为单位。

3.3.1　char和varchar类型

1. char类型

char(m)为固定长度字符串，m的长度可以是0～255的任何值。存储char值时，会用指定长度的空格右填充这些值。检索char值时，除非启用了PAD_CHAR_TO_FULL_LENGTH SQL模式，否则将删除尾随空格。

2. varchar类型

varchar(m)为可变长度字符串，长度可以指定为0～65535的值。具体存储的时候，是按照实际字符串长度存储的，即varchar值在存储时不会填充。

对于varchar列，无论使用何种SQL模式，超过列长度的尾随空格都会在插入之前被截断并生成警告。而对于char列，无论使用何种SQL模式，都会以静默方式截断，并插入值中的多余尾随空格。

表3-3显示的是将各种字符串值存储到char(4)和varchar(4)列中的结果。

表 3-3　char 类型和 varchar 类型之间的差异

Value	CHAR(4)	Storage Required	Varchar(4)	Storage Required
''	' '	4 byted	''	1 byte
'ab'	'ab '	4 byted	'ab'	3 byte
'abcd'	'abcd'	4 byted	'abcd'	5 byte
'abcdefgh'	'abcd'	4 byted	'abcd'	5 byte

varchar值以1字节或2字节长度前缀加上数据的方式存储。长度前缀指示值中的字节数。如果值不超过255字节，则使用一个长度字节；如果值超过255字节，则使用两个长度字节。

注意　表3-3的最后一行中显示的值仅在不使用严格 SQL 模式时适用。如果启用了严格模式，则不会存储超过列长度的值，并且会产生错误。

如果将给定值存储在char(4)和varchar(4)列中，则从列中检索的值并不总是相同的，因为在检索时会从char列中删除尾随空格。以下示例说明了这种差异：

```
mysql> create table vc (v varchar(4), c char(4));
query ok, 0 rows affected (0.01 sec)
```

```
mysql> insert into vc values ('ab  ', 'ab  ');
query ok, 1 row affected (0.00 sec)

mysql> select concat('(', v, ')'), concat('(', c, ')') from vc;
+--------------------+--------------------+
| concat('(', v, ')') | concat('(', c, ')') |
+--------------------+--------------------+
| (ab  )             | (ab)               |
+--------------------+--------------------+
1 row in set (0.06 sec)
```

如果存储的长度几乎相等，则推荐使用char长度定长类型。varchar是可变长字符串，不会预先分配存储长度，但行业上一般建议长度不要超过5000B，如果存储长度超过此值，则建议使用text类型。

3.3.2 blob和text类型

1. blob类型

blob是二进制字符串（字节字符串），是一个二进制大型对象，可以保存可变数量的数据。4种blob类型分别是tinyblob、blob、mediumblob和longblob。它们仅在可以容纳的值的最大长度上有所不同。tinyblob的最大长度为255B，blob的最大长度为65KB，mediumblob的最大长度为16MB，longblob的最大长度为4GB。

2. text 类型

text是非二进制字符串（字符串），也有4种文本类型，分别是tinytext、text、mediumtext和longtext。这些类型同blob类型一样，有相同的最大长度和存储需求。text与blob的主要差别是blob保存二进制数据，text保存字符数据。

运行在非严格模式时，如果为blob或text列分配一个超过该列类型的最大长度的值，则值被截取以保证适合。如果截掉的字符不是空格，就会产生一条警告。使用严格SQL模式，则会产生错误，并且值将被拒绝而不是截取并给出警告。

blob和text共同点是，保存或检索blob和text列的值时不删除尾部空格，都不允许有默认值。

工作中，blob常用来存储图片，而text常用来存储大文本但不能存储图片。由于实际存储的长度不确定，因此MySQL不允许text类型的字段作主键。遇到这种情况，只能采用char(m)或者varchar(m)类型。

3.3.3 enum和set类型

1. enum类型

enum是专业枚举类型，取值必须是预先设定的一组字符串值范围之内的一个，必须要知道字符串所有可能的取值。MySQL的enum类型实际存储的是数字，占用1到2个字节：对于1～255个成员的枚举需要1个字节存储，对于256～65535个成员的枚举需要2个字节存储。最多可以有65535个成员。

枚举值必须是带引号的字符串文本。例如，创建一个包含enum列的表：

```
    mysql> create table shirts (
        name varchar(40),
        size enum('x-small', 'small', 'medium', 'large', 'x-large')
    );
    mysql> insert into shirts (name, size) values ('dress shirt','large'),
('t-shirt','medium'),
       ('polo shirt','small');
    mysql> select name, size from shirts where size = 'medium';
    +---------+--------+
    | name    | size   |
    +---------+--------+
    | t-shirt | medium |
    +---------+--------+
    mysql> update shirts set size = 'small' where size = 'large';
    commit;
```

在此表中插入100万行值为medium的数据，将需要100万字节的存储空间，而如果在varchar列中存储实际字符串medium，则需要600万字节。

MySQL的enum支持字符串和数字操作：

（1）当存储字符串到MySQL时，MySQL自动将它翻译成数字存储。
（2）当存储数字的时候，MySQL直接插入。
（3）当从MySQL读取数据时，MySQL自动将它转为字符串输出。

2. set类型

set是一个字符串对象，取值必须是在预先设定的字符串值范围之内的 0 个或多个，也必须知道字符串所有可能的取值。

具体示例如下：

```
### 创建表myset，定义字段col类型为set
mysql> create table myset (col set('a', 'b', 'c', 'd'));
```

插入值“a，d”“d，a”“a，d，d”“a，d，a”和“d，a，d”：

```
mysql> insert into myset (col) values
-> ('a,d'), ('d,a'), ('a,d,a'), ('a,d,d'), ('d,a,d');
Query OK, 5 rows affected (0.01 sec)
Records: 5  Duplicates: 0  Warnings: 0
```

查询时，所有这些值在检索时显示为“a，d”：

```
mysql> select col from myset;
+------+
| col  |
+------+
| a,d  |
| a,d  |
| a,d  |
| a,d  |
| a,d  |
+------+
5 rows in set (0.04 sec)
```

MySQL规定set类型最多占用8字节（64位），因此set类型最多表示64个枚举项的叠加状态。

enum和set适用场景有限，只能用在某些特定场合，比如某个参数设定的取值范围只有几个固定值的场景。

3.3.4　JSON类型

MySQL 5.7.8开始支持JSON数据类型。在此之前，只能通过字符串类型（char、varchar或text）来保存JSON文档。相比字符串类型，JSON数据类型具有以下优势：

- 在插入时能自动校验文档是否满足JSON格式的要求。
- 优化存储格式，无须读取整个文档就能快速访问某个元素的值。

JSON数据类型示例如下：

```
-- json 数组包含一个值列表，这些值以逗号分隔并被包含在方括号（[]）中
["abc", 10, null, true, false]
```

```
-- json 对象包含一组键—值对，这些键—值对用逗号分隔并被包含在大括号（{}）中
{"k1": "value", "k2": 10}
-- 允许在json 数组元素和 json 对象键—值对中嵌套
[99, {"id": "HK500", "cost": 75.99}, ["hot", "cold"]]
{"k1": "value", "k2": [10, 20]}
```

如果插入的值是有效的JSON值，则将值插入json列会成功；但如果不是，则失败。JSON数据插入的示例如下：

```
mysql> create table t1 (jdoc json);
query ok, 0 rows affected (0.20 sec)

mysql> insert into t1 values('{"key1": "value1", "key2": "value2"}');
query ok, 1 row affected (0.01 sec)

mysql> insert into t1 values('[1, 2,');
ERROR 3140 (22032) at line 2: Invalid JSON text:
"Invalid value." at position 6 in value (or column) '[1, 2,'.
```

对于JSON文档，key不能重复。如果插入的值中存在重复的key，则在MySQL 8.0.3 之前，遵循first duplicate key wins原则，会保留第一个key，后面重复的key将被丢弃掉；从MySQL 8.0.3开始，遵循的是last duplicate key wins原则，只会保留最后一个key。

提示　"first duplicate key wins"原则是指在插入数据时，如果遇到重复的键，那么就保留第一次出现的键，后面的重复键将被丢弃；"last duplicate key wins"原则是指在插入数据时，如果遇到重复的键，那么就保留最后一个键。

MySQL 5.7.36示例：

```
mysql> select json_object('key1',10,'key2',20,'key1',30);
+--------------------------------------------+
| json_object('key1',10,'key2',20,'key1',30) |
+--------------------------------------------+
| {"key1": 10, "key2": 20}                   |
+--------------------------------------------+
1 row in set (0.02 sec)
```

这个示例中，使用了MySQL的JSON函数json_object()来创建一个JSON对象。该函数接收多个参数，每个参数都是一个键—值对，表示要添加到JSON对象中的属性和对应的值。

在本例中，调用了json_object('key1',10,'key2',20,'key1',30)，其中包含了3个键—值对：

- 'key1', 10：将键名为key1、值为10的属性添加到JSON对象中。

- 'key2', 20：将键名为key2、值为20的属性添加到JSON对象中。
- 'key1', 30：由于前面已经添加了一个键名为key1的属性，因此这个属性会被覆盖掉，最终JSON对象中只包含一个键名为key1、值为30的属性。

执行查询语句后，返回的结果是一张包含一个行的表，该行的列是JSON对象的内容。在这个例子中，返回的JSON对象是{"key1": 30, "key2": 20},因为最后一个添加的属性覆盖掉了前面添加的属性。

MySQL 8.0.27示例：

```
mysql> select json_object('key1',10,'key2',20,'key1',30);
+--------------------------------------------+
| json_object('key1',10,'key2',20,'key1',30) |
+--------------------------------------------+
| {"key1": 30, "key2": 20}                   |
+--------------------------------------------+
1 row in set (0.00 sec)
```

这个示例中，使用了MySQL的JSON函数json_object()来创建一个JSON对象。该函数接收多个参数，每个参数都是一个键-值对，表示要添加到JSON对象中的属性和对应的值。

在本例中，调用了json_object('key1',10,'key2',20,'key1',30)，其中包含了3个键-值对：

- 'key1', 10：将键名为key1、值为10的属性添加到JSON对象中。
- 'key2', 20：将键名为key2、值为20的属性添加到JSON对象中。
- 'key1', 30：由于前面已经添加了一个键名为key1的属性，因此这个属性会被覆盖掉，最终JSON对象中只包含一个键名为key1、值为30的属性。

执行查询语句后，返回的结果是一张包含一个行的表，该行的列是JSON对象的内容。在这个例子中，返回的JSON对象是{"key1": 30, "key2": 20},因为最后一个添加的属性覆盖掉了前面添加的属性。

JSON数据查询的示例如下：

```
mysql> create table t(c1 json);
Query OK, 0 rows affected (0.09 sec)

mysql> insert into t values('[3, {"a": [5, 6], "b": 10}, [99, 100]]');
Query OK, 1 row affected (0.01 sec)

mysql> select json_extract(c1, '$[0]') from t;
```

```
+-------------------------+
| json_extract(c1, '$[0]') |
+-------------------------+
| 3                       |
+-------------------------+
1 row in set (0.00 sec)
-- 除此之外，还可通过 [M to N] 获取数组的子集。
mysql> select json_extract(c1, '$[0 to 1]') from t;
+-------------------------------+
| JSON_EXTRACT(c1, '$[0 to 1]') |
+-------------------------------+
| [3, {"a": [5, 6], "b": 10}]   |
+-------------------------------+
1 row in set (0.00 sec)
```

说明：

- $[0]的计算结果为3。
- $[1]的计算结果为{"a": [5，6]，"b": 10}。
- $[2]的计算结果为[99，100]。
- $[3]的计算结果为NULL（它指的是不存在的第4个数组元素）。
- $[1].a的计算结果为[5，6]。
- $[1].a[1]的计算结果为6。
- $[1].b的计算结果为10。
- $[2][0]的计算结果为99。
- $[0 to 1]的计算结果为[3, {"a": [5, 6], "b": 10}]。

要更改JSON数据，可以使用json_set()、json_insert()和json_replace()函数，示例如下：

```
-- 替换现有路径的值，并为不存在的路径添加值
mysql> select json_set('["a", {"b": [true, false]}, [10, 20]]', '$[1].b[0]', 1,
'$[2][2]', 2);
+---------------------------------------------------------------------------+
| json_set('["a", {"b": [true, false]}, [10, 20]]', '$[1].b[0]', 1, '$[2][2]', 2)|
+---------------------------------------------------------------------------+
| ["a", {"b": [1, false]}, [10, 20, 2]]                                     |
+---------------------------------------------------------------------------+
1 row in set (0.00 sec)

-- json_insert添加新值，但不替换现有值
mysql> select json_insert('[3, {"a": [5, 6], "b": 10}, [99, 100]]', '$[1].b[0]',
1, '$[2][2]', 2);
+---------------------------------------------------------------------------+
```

```
| json_insert('[3, {"a": [5, 6], "b": 10}, [99, 100]]', '$[1].b[0]', 1, '$[2][2]', 2)|
+-------------------------------------------------------------------------------------+
| [3, {"a": [5, 6], "b": 10}, [99, 100, 2]]                                            |
+-------------------------------------------------------------------------------------+
1 row in set (0.00 sec)

-- json_replace替换现有值并忽略新值
mysql> SELECT JSON_REPLACE('[3, {"a": [5, 6], "b": 10}, [99, 100]]', '$[1].b[0]',
1, '$[2][2]', 2);
+-------------------------------------------------------------------------------------+
| json_replace('[3, {"a": [5, 6], "b": 10}, [99, 100]]', '$[1].b[0]', 1, '$[2][2]', 2)|
+-------------------------------------------------------------------------------------+
| [3, {"a": [5, 6], "b": 1}, [99, 100]]                                                |
+-------------------------------------------------------------------------------------+
1 row in set (0.00 sec)
```

JSON数据类型在工作中用得并不多，读者可暂且记住还有这种类型的数据，等到需要使用时查阅官方文档即可。

提示　查阅官方文档也是程序员非常重要的能力，官方文档作为第一手资料，能保证我们获取的知识是正确的。因此，更多JSON格式内容读者可阅读官方文档（https://dev.mysql.com/doc/refman/8.0/en/json.html）。

3.3.5　数据类型默认值

在MySQL中，数据类型规范可以具有显式或隐式默认值。数据类型规范中的default子句显式指示列的默认值。例如：

```
create table t1 (
  i     int default -1,
  c     varchar(10) default '',
  price double(16,2) default 0.00
);
```

default子句中指定的默认值可以是文本常量或表达式。表达式默认值写在括号内，以将它们与文本常量默认值区分开来。例如：

```
create table t1 (
  -- literal      defaults
  i int           default 0,
  c varchar(10)   default '',
  -- expression   defaults
  f float         default (rand() * rand()),
```

```
  b binary(16)   default (uuid_to_bin(uuid())),
  d date         default (current_date + interval 1 year),
  p point        default (point(0,0)),
  j json         default (json_array())
);
```

有个例外，对于timestamp和datetime列，可以将current_timestamp函数指定为默认值，而不用括号括起来。

blob、text、geometry和JSON数据类型在作为表达式写入时才分配默认值。下面的SQL语句是允许的（文本默认值指定为表达式）：

```
create table t2 (b blob default ('abc'));
```

这是一个SQL语句，用于创建一张名为t2的表。该表包含一个名为b的列，数据类型为blob（二进制大对象），并设置了默认值为“abc”。

具体解释如下：

- create table：表示要创建一张新的表。
- t2：是新表的名称。
- (b blob default ('abc'))：定义了表中的列和它们的属性。其中，b是列名；blob是数据类型，表示该列存储的是二进制数据；default ('abc')表示该列的默认值为字符串“abc”。

下面的SQL语句将产生错误（文本默认值未指定为表达式）：

```
create table t2 (b blob default 'abc');
```

这是一个SQL语句，用于创建一张名为t2的表。该表包含一个名为b的列，数据类型为blob（二进制大对象），并设置了默认值为“abc”。

具体解释如下：

- create table：表示要创建一张新的表。
- t2：是新表的名称。
- (b blob default 'abc')：定义了表中的列和它们的属性。其中，b是列名，blob是数据类型，表示该列存储的是二进制数据。default 'abc'表示该列的默认值为字符串“abc”。

因此，执行这个SQL语句后，将创建一张名为t2的表，其中包含一个名为b的列，数据类型为blob，并且如果插入数据时没有指定该列的值，则默认为字符串“abc”。

第 4 章

运算符、函数与变量

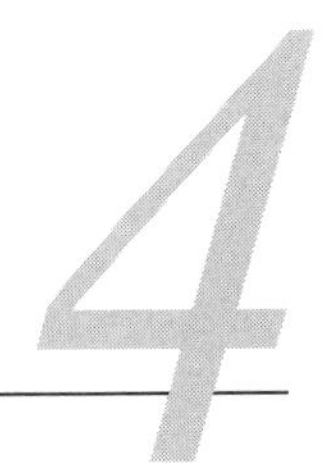

本章主要介绍MySQL的运算符、函数与变量。运算符包括运算符优先级、比较函数和运算符、逻辑运算符、赋值运算符。函数主要包括字符串函数、数学函数、日期和时间函数、聚合函数、流程控制函数、强制类型转换函数、加密函数和信息函数。

4.1 运算符

MySQL支持多种运算符，读者需要重点掌握4部分内容：运算符优先级、比较运算符和函数、逻辑运算符以及赋值运算符。

4.1.1 运算符优先级

运算符优先级显示在以下列表中（从最高优先级到最低优先级，同行一起显示的运算符具有相同的优先级）：

```
-- 运算符优先级
INTERVAL
BINARY, COLLATE
!
- (unary minus), ~ (unary bit inversion)
^
```

```
*, /, DIV, %, MOD
-, +
<<, >>
&
|
= (comparison), <=>, >=, >, <=, <, <>, !=, IS, LIKE, REGEXP, IN, MEMBER OF
BETWEEN, CASE, WHEN, THEN, ELSE
NOT
AND, &&
XOR
OR, ||
= (assignment), :=
```

当多个具有相同优先级的运算符出现时，应该从左到右依次计算。例如，在表达式a + b * c中，先计算乘法c * b,然后再加上a。

注意　对于运算符的优先级，读者没必要记忆，也不用记忆，当需要用到时，查询官方文档（https://dev.mysql.com/doc/refman/8.0/en/operator-precedence.html）即可。

4.1.2　比较运算符和函数

比较运算符如表4-1所示。

表 4-1　MySQL 比较运算符

运　算　符	描　　述
>	大于
>=	大于或等于
<	小于
<>（!=）	不等于
<=	小于或等于
<=>	空安全等于
=	等于
BETWEEN...AND...	判断一个值是否在某个范围内
COALESCE()	返回第一个非空参数
CREATEST()	返回最大参数
IN()	判断一个值是否在一组值中
INTERVAL()	返回比第一个参数小的参数的索引
IS	将一个值与布尔值进行比较
IS NOT	将一个值与布尔值进行比较
IS NOT NULL	非空值测试

（续表）

运 算 符	描 述
IS NULL	空值测试
ISNULL()	测试参数是否为空
LEAST()	返回最小参数值
LIKE	简单模式匹配
NOT BETWEEN ... AND ...	判断一个值是否不在某个范围内
NOT IN()	判断一个值是否在一组值中
NOT LIKE	非简单模式匹配
STRCMP()	比较两个字符串

MySQL的比较运算产生的值为1（真）、0（假）或null。这些操作适用于数字和字符串。根据需要，可以将字符串自动转换为数字，或将数字自动转换为字符串。

提示 之所以不对每个操作符号进行中文翻译，是为了让读者明白，IT从业人员一定要有阅读英语的能力。开始阅读时多少会有点障碍，当阅读量足够多时，便能越来越轻松。

下面列举工作中经常使用的比较符号，其他的比较符读者自己简单操作练习即可。

```
-- 等于 =
mysql> select 1 = 0;
        -> 0
mysql> select '0' = 0;
        -> 1
mysql> select '0.0' = 0;
        -> 1
mysql> select '0.01' = 0;
        -> 0
mysql> select '.01' = 0.01;
        -> 1
-- 空安全等于 <=>
mysql> select 1 <=> 1, null <=> null, 1 <=> null;
        -> 1, 1, 0
mysql> select 1 = 1, null = null, 1 = null;
        -> 1, null, null

-- 不等于 <>, !=
mysql> select '.01' <> '0.01';
        -> 1
mysql> select .01 <> '0.01';
        -> 0
mysql> select 'zapp' <> 'zappp';
```

```
       -> 1
-- 小于或等于 <=
mysql> select 0.1 <= 2;
       -> 1
-- 是否为空 is null
mysql> select 1 is null, 0 is null, null is null;
       -> 0, 0, 1
-- 是否不为空 is not null
mysql> select 1 is not null, 0 is not null, null is not null;
       -> 1, 1, 0
```

4.1.3 逻辑运算符

逻辑运算符（逻辑与、逻辑非、逻辑或、逻辑异或）主要用来判断表达式的真假。在MySQL中，逻辑运算符的返回结果为1、0或者null，具体如表4-2所示。

表 4-2 MySQL 逻辑运算符

运 算 符	描 述
AND，&&	逻辑与
NOT，!	逻辑非
OR，||	逻辑或
XOR	逻辑异或

下面通过几个实例来掌握逻辑运算符：

```
-- 任何非零、非null 值都为1（即都为true）
mysql> select 10 is true, -10 is true, 'string' is not null;
+------------+-------------+----------------------+
| 10 is true | -10 is true | 'string' is not null |
+------------+-------------+----------------------+
|          1 |           1 |                    1 |
+------------+-------------+----------------------+
1 row in set (0.00 sec)
```

1）逻辑非（not 或者 !）

```
-- 如果操作数为 0，则计算结果为 1
-- 如果操作数不为 0，则计算结果为 0
-- 如果 not null，则返回 null
mysql> select not 10, not 0, not null, !(1+1) , ! 1+1;
+--------+-------+----------+--------+-------+
| not 10 | not 0 | not null | !(1+1) | ! 1+1 |
```

```
+--------+-------+----------+-------+-------+
|      0 |     1 |     null |     0 |     1 |
+--------+-------+----------+-------+-------+
1 row in set, 2 warnings (0.00 sec)
```

2）逻辑与（and 或者 &&）

```
-- 如果所有操作数都不为零且不为 null，则计算结果为 1
-- 如果一个或多个操作数为 0，则计算结果为 0，否则返回 null
mysql> select 1 and 1, 1 and 0, 1 and null, 0 and null, null and 0;
+---------+---------+------------+------------+------------+
| 1 and 1 | 1 and 0 | 1 and null | 0 and null | null and 0 |
+---------+---------+------------+------------+------------+
|       1 |       0 |       null |          0 |          0 |
+---------+---------+------------+------------+------------+
1 row in set (0.00 sec)
```

3）逻辑或（or 或者 ||）

```
-- 当两个操作数都非 null 时，如果任何操作数都不为0，则结果为 1，否则为 0
-- 对于 null 操作数，如果另一个操作数不为0，则结果为 1，否则为 null
-- 如果两个操作数都为 null，则结果为 null

mysql> select 1 or 1, 1 or 0, 0 or 0, 0 or null, 1 or null;
+--------+--------+--------+-----------+-----------+
| 1 or 1 | 1 or 0 | 0 or 0 | 0 or null | 1 or null |
+--------+--------+--------+-----------+-----------+
|      1 |      1 |      0 |      null |         1 |
+--------+--------+--------+-----------+-----------+
1 row in set (0.00 sec)
```

4）逻辑异或（xor）

逻辑异或（xor）的使用场景不多，这里不再介绍，有兴趣的读者可以阅读MySQL官方文档。

提示 !、&& 以及 || 运算符是非标准的MySQL扩展，从MySQL 8.0.17开始，这些运算符已被弃用，它们将在MySQL的未来版本中被删除。推荐读者使用标准的not、and以及or运算符。

4.1.4 赋值运算符

赋值运算符主要用来分配值，包括 := 和 = 两种，具体如表4-3所示。

表 4-3　MySQL 赋值运算符

运 算 符	描　　述
:=	给一个变量赋值
=	给一个变量赋值（作为 SET 语句的一部分，或作为 UPDATE 语句的 SET 子句的一部分）

“=”是我们都很熟悉的赋值运算符号，但是这里还是要重新强调一下：在set语句中，=被视为赋值运算符，它使运算符左侧的用户变量采用其右侧的值。换句话说，在set语句中使用时，=与:=的处理方式相同。右侧的值可以是文本值、存储值的另一个变量或者查询的结果。

“:=”不管什么情况下都是赋值运算符。不仅在set和update语句中具有赋值的作用，在select语句中也具有赋值的作用。

下面看几个示例：

```
-- 查询变量@var1、@var2，由于没有值，所以都为null
mysql> select @var1, @var2;
       -> null, null
-- 给变量@var1赋值1
mysql> select @var1 := 1, @var2;
       -> 1, null
-- 查询变量@var1、@var2
mysql> select @var1, @var2;
       -> 1, null
-- 变量@var1的值赋予@var2
mysql> select @var1, @var2 := @var1;
       -> 1, 1
-- 查询变量@var1、@var2
mysql> select @var1, @var2;
       -> 1, 1
-- 变量@var1的值来自SQL语句 count(*) from t1
mysql> select @var1:=count(*) from t1;
       -> 4
mysql> select @var1;
       -> 4
```

在select以外的其他语句中使用:=进行值赋值，例如update，如下所示：

```
-- 变量@var1初始值为4
mysql> select @var1;
       -> 4
-- 表t1只有一个字段c1，共四行数据1，3，5，7
mysql> select * from t1;
       -> 1, 3, 5, 7
```

```
-- 赋值1给变量@var1，同时通过where 语句查询c1=1的记录，更新C1为2
mysql> update t1 set c1 = 2 where c1 = @var1:= 1;
query ok, 1 row affected (0.00 sec)
rows matched: 1  changed: 1  warnings: 0
-- 查询@var1变量
mysql> select @var1;
        -> 1
-- 查询表t1所有记录，*代表所有
mysql> select * from t1;
        -> 2, 3, 5, 7
```


4.2 函数

MySQL 中的函数有字符串函数、数学函数、日期和时间函数、聚合函数、流程控制函数、强制类型转换函数、加密函数、信息函数，本节将详细介绍这些函数。

4.2.1 字符串函数

字符串函数是最常用的一种函数，工作中，通常会使用几个甚至几类函数来实现相应的查询。

以下列举几个常用的字符串函数。

1. concat(str1,str2,...)函数

字符串拼接函数，把str1,str2,...连接成字符串。

例如：

```
mysql> select concat('hello', ' mysql');
+--------------------------+
| concat('hello', ' mysql') |
+--------------------------+
| hello mysql              |
+--------------------------+
```

2. concat_ws(separator,str1,str2,...)函数

字符串连接函数，用指定的分隔符连接字符串str1,str2,...

例如：

```
mysql> select concat_ws(',','hello', ' mysql');
+----------------------------------+
| concat_ws(',','hello', ' mysql') |
+----------------------------------+
| hello, mysql                     |
+----------------------------------+
```

3. char_length(str1)函数

返回str1的字符数。

例如：

```
mysql> select char_length("mysql");
+----------------------+
| char_length("mysql") |
+----------------------+
|                    5 |
+----------------------+
```

4. length(str)函数

返回字符串的长度（以字节为单位）。

例如：

```
mysql> select length("mysql");
+-----------------+
| length("mysql") |
+-----------------+
|               5 |
+-----------------+
```

5. right和left函数

right(str,len)函数：返回字符串str中最右边的len字符，如果任何参数为null，则返回null。

left(str,len)函数：返回字符串str中最左边的len字符，如果任何参数为null，则返回null。

例如：

```
mysql> select right('foobarbar', 4);
+-----------------------+
| right('foobarbar', 4) |
```

```
+------------------------+
| rbar                   |
+------------------------+
```

其他重要的字符串函数还有大小写转换函数upper()/lower()、删除字符串前后空格函数trim()、字符串是否与正则表达式匹配函数regexp()、字符串截取函数substr()、字符串替换函数replace()等。授人以鱼不如授人以渔，所有这些字符串函数在官方文档（https://dev.mysql.com/doc/refman/8.0/en/string-functions.html）中都有详细的描述，希望读者能仔细阅读。

MySQL提供的字符串函数种类繁多，这些函数基本能覆盖工作中的所有需求，当我们要对字符串进行处理时，可以优先到官方文档查询是否有对应的函数，仔细阅读文档，选择出适合自己的任务需求的函数，这也是程序员很重要的一项能力。MySQL官方文档就像一部《新华字典》，读者不需要特意背诵这些字符处理函数，当遇到“生字”时，在官方文档中查一查基本就能找到答案。

4.2.2 数学函数

本小节主要介绍算术运算符和数学函数。算术运算符主要包括加（+）、减（-）、乘（*）、除（/）、模（%, mod）运算符。数学函数主要包括取整函数 round()、ceil()、floor()，绝对值函数abs()和求余函数mod()等。

以下通过示例介绍几个常用的数学函数。

```
-- 绝对值函数
mysql> select abs(-32);
        -> 32
-- 向上取整：返回不小于 x 的最小整数值。如果 x 为 null，则返回 null
mysql> select ceiling(1.23);
        -> 2
mysql> select ceiling(-1.23);
        -> -1
-- 向下取整：返回不大于 x 的最大整数值。如果 x 为 null，则返回 null
mysql> select floor(1.23), floor(-1.23);
        -> 1, -2

-- round(x), round(x,d): x 表示要处理的数，d 表示保留的小数位数，处理的方式是四舍五入
-- round(x) 表示保留 0 位小数
mysql> select round(-1.23),round(-1.58),round(1.58), round(1.298, 1);
+--------------+--------------+-------------+-----------------+
| round(-1.23) | round(-1.58) | round(1.58) | round(1.298, 1) |
+--------------+--------------+-------------+-----------------+
```

```
|          -1 |          -2 |          2 |          1.3 |
+-------------+-------------+------------+----------------+
1 row in set (0.00 sec)

-- d 可以为负数，使值x的小数点左侧的 d 位变为零
mysql> select round(1.298, 1),round(1.298, 0),round(23.298, -1);
+-----------------+-----------------+-------------------+
| round(1.298, 1) | round(1.298, 0) | round(23.298, -1) |
+-----------------+-----------------+-------------------+
|       1.3 |               1 |                20 |
+-----------------+-----------------+-------------------+
1 row in set (0.00 sec)
```

有关更多数学函数和操作符的内容，读者可参考官方文档（https://dev.mysql.com/doc/refman/8.0/en/ mathematical-functions.html）。

4.2.3　日期和时间函数

日期和时间函数就是用来处理日期和时间的函数，它也是工作中非常重要且使用频繁的函数。研发人员在创建表时，表必备3个字段：id、create_time、update_time。其中，create_time和update_time就是日期和时间数据类型。出生日期、订单下单时间、支付时间等都是日期或时间类型，或多或少都需要日期和时间函数进行一定的转换，最终返回到页面。

常用的日期和时间函数类型非常多，具体可分为三类：

第一类是获取日期和时间数据中部分信息的函数，例如：

```
-- now()：返回当前日期和时间，同义词有current_timestamp(), current_timestamp
-- curdate()：返回当前日期，同义词有current_date(), current_date
-- curtime()：返回当前时间，同义词有current_time(), current_time
mysql> select now(),curdate(),curtime();
+---------------------+------------+-----------+
| now()               | curdate()  | curtime() |
+---------------------+------------+-----------+
| 2022-12-18 10:58:30 | 2022-12-18 | 10:58:30  |
+---------------------+------------+-----------+
1 row in set (0.00 sec)

-- year()：返回年份
-- month()：从过去的日期返回月份
-- week(date[,mode]) ：双参数形式使我们能够指定一周是从星期日还是星期一开始
-- 以及返回值是否应在0～53或1～53的范围内
mysql> select year('2022-12-12'), month('2022-12-12'),week('2022-12-12');
+--------------------+---------------------+--------------------+
```

```
| year('2022-12-12') | month('2022-12-12') | week('2022-12-12') |
+--------------------+---------------------+--------------------+
|               2022 |                  12 |                 50 |
+--------------------+---------------------+--------------------+
1 row in set (0.00 sec)
-- 提取小时
mysql> select hour('2022-12-12 11:12:13');
-> 11
-- 提取分钟
mysql> select minute('2022-12-12 11:12:13');
-> 12
-- 提取秒
mysql> select second('2022-12-12 11:12:13');
-> 13

-- extract(unit from date): 提取日期的一部分
mysql> select now(),
    -> extract(year from now()) as year,
    -> extract(month from now()) as month,
    -> extract(day from now()) as day,
    -> extract(hour from now()) as hour,
    -> extract(minute from now()) as minute,
    -> extract(second from now()) as second;
+---------------------+------+-------+------+------+--------+--------+
| now()               | year | month | day  | hour | minute | second |
+---------------------+------+-------+------+------+--------+--------+
| 2022-12-18 11:46:00 | 2022 |    12 |   18 |   11 |     46 |      0 |
+---------------------+------+-------+------+------+--------+--------+
1 row in set (0.00 sec)
```

extract的unit可选值如表4-4所示。

表 4-4　extract(unit from date)的 unit 可选值

unit 值	表达式格式
MICROSECOND	MICROSECONDS
SECOND	SECONDS
MINUTE	MINUTE
HOUR	HOURS
DAY	DAYS
WEEK	WEEKS
MONTH	MONTHS
QUARTER	QUARTERS
YEAR	YEARS

（续表）

unit 值	表达式格式
SECOND_MICROSECOND	'SECONDS.MICROSECONDS'
MINUTE_MICROSECOND	'MINUTES:SECONDS.MICROSECONDS'
MINUTE_SECOND	'MINUTES:SECONDS'
HOUR_MICROSECOND	'HOURS:MINUTES:SECONDS.MICROSECOND'
HOUR_SECOND	'HOURS:MINUTES:SECONDS'
HOUR_MINUTE	'HOURS:MINUTES'
DAY_MICROSECOND	'DAYS HOURS:MINUTES:SECONDS.MICROSECOND'
DAY_SECOND	'DAYS HOURS:MINUTES:SECONDS'
DAY_MINUTE	'DAYS HOURS:MINUTES'
DAY_HOUR	'DAYS HOURS'
YEAR_MONTH	'YEARS-MONTHS'

第二类是计算日期和时间的函数，例如：

```
-- date_add(date,interval expr unit):计算从时间点date开始，向前或者向后一段时间间隔
-- 的时间；表达式的值为时间间隔数，正数表示向后，负数表示向前；“unit”表示时间间隔的单位
-- （比如年、月、日等）
-- date_sub(date,interval expr unit):从日期中减去时间值（间隔）
mysql> select date_add('2018-05-01',interval 1 day);
       -> '2018-05-02'
mysql> select date_sub('2018-05-01',interval 1 year);
       -> '2017-05-01'
mysql> select date_add('2020-12-31 23:59:59',interval 1 second);
       -> '2021-01-01 00:00:00'
mysql> select date_add('2018-12-31 23:59:59',interval 1 day);
       -> '2019-01-01 23:59:59'
mysql> select date_add('2100-12-31 23:59:59',interval '1:1' minute_second);
       -> '2101-01-01 00:01:00'
mysql> select date_sub('2025-01-01 00:00:00',interval '1 1:1:1' day_second);
       -> '2024-12-30 22:58:59'
mysql> select date_add('1900-01-01 00:00:00',interval '-1 10' day_hour);
       -> '1899-12-30 14:00:00'
mysql> select date_sub('1998-01-02', interval 31 day);
       -> '1997-12-02'
mysql> select date_add('1992-12-31 23:59:59.000002',interval '1.999999'
second_microsecond);
       -> '1993-01-01 00:00:01.000001'

-- last_day(date):表示获取日期时间date所在月份的最后一天的日期
mysql> select last_day('2003-02-05');
       -> '2003-02-28'
```

```
mysql> select last_day('2004-02-05');
       -> '2004-02-29'
mysql> select last_day('2004-01-01 01:01:01');
       -> '2004-01-31'
mysql> select last_day('2003-03-32');
       -> null

-- datediff(expr1,expr2):返回两个日期之间的天数
mysql> select datediff('2007-12-31 23:59:59','2007-12-30'),
    -> datediff('2010-11-30 23:59:59','2010-12-31');
+-----------------------------+------------------------------------------------+
| datediff('2007-12-31 23:59:59','2007-12-30')|datediff('2010-11-30
23:59:59','2010-12-31') |
+----------------------------+-----------------------------------------------+
|                          1 |                                           -31 |
+----------------------------+-----------------------------------------------+
1 row in set (0.01 sec)
```

第三类是日期和时间格式化函数，例如：

```
### date_format(date,format): 函数用于以不同的格式显示日期/时间数据
mysql> select date_format(now(),'%b %d %y %h:%i %p') as d1,
    -> date_format(now(),'%m-%d-%y') as d2,
    -> date_format(now(),'%d %b %y') as d3 ,
    -> date_format(now(),'%d %b %y %t:%f') as d4;
+----------------------+------------+-----------+----------------------------+
| d1                   | d2         | d3        | d4                         |
+----------------------+------------+-----------+----------------------------+
| Dec 18 2022 02:10 PM | 12-18-2022 | 18 Dec 22 | 18 Dec 2022 14:10:27:000000 |
+----------------------+------------+-----------+----------------------------+
1 row in set (0.00 sec)
```

date_format可以使用的日期格式如表4-5所示。

表 4-5 date_format 日期格式

格　式	描　述	格　式	描　述
%a	缩写星期名	%p	AM 或 PM
%b	缩写月名	%r	时间，12-小时（hh:mm:ss AM 或 PM）
%c	月，数值	%S	秒(00-59)
%D	带有英文前缀的月中的天	%s	秒(00-59)
%d	月的天，数值(00-31)	%T	时间, 24-小时 (hh:mm:ss)
%e	月的天，数值(0-31)	%U	周(00-53) 星期日是一周的第一天
%f	微秒	%u	周(00-53) 星期一是一周的第一天
%H	小时 (00-23)	%V	周(01-53) 星期日是一周的第一天，与%X 使用

（续表）

格　　式	描　　述	格　　式	描　　述
%h	小时（01-12）	%v	周(01-53) 星期一是一周的第一天，与%x 使用
%I	小时（01-12）	%W	星期名
%i	分钟，数值(00-59)	%w	周的天（0=星期日, 6=星期六）
%j	年的天（001-366）	%X	年，其中的星期日是周的第一天，4 位，与使用
%k	小时（0-23）	%x	年，其中的星期一是周的第一天，4 位，与使用
%l	小时（1-12）	%Y	年，4 位
%M	月名	%y	年，2 位
%m	月，数值(00-12)		

读者一定要记住，不要记忆这些日期格式，需要用到的时候查看官方文档即可。

4.2.4 聚合函数

聚合函数非常重要，几乎可以与字符串函数、数学函数以及日期和时间函数并列为函数中的“四大天王”。MySQL中有5种较为常用的聚合函数，分别是最大值函数max()、最小值函数min()、求和函数sum()、求平均函数avg()以及计数函数count()。下面我们用具体示例来演示这些函数的用法。

例如，小毅参加计算机编程大赛，四位评委给出的分数图4-1所示。

id	judges_name	contestant_name	score	time
1	张三	ay	99	2022-12-30 20:00:00
2	李四	ay	60	2022-12-30 20:00:00
3	王五	ay	87	2022-12-30 20:00:00
4	赵六	ay	86	2022-12-30 20:00:00

图 4-1　编程比赛得分

聚合函数使用如下：

```
-- 计算得分最大值
mysql> select max(score) from pk_score;
-> 99

-- 计算得分最小值
mysql> select min(score) from pk_score;
-> 60

-- 计算评委数量
mysql> select count(*) from pk_score;
-> 4
```

计算小毅的平均分有两种方法：

```
-- 第一种计算平均分方法
mysql> select (sum(score) - max(score) - min(score))/2  from pk_score;
-> 86.5000
-- 第二种计算平均分方法
mysql> select avg(score)  from pk_score;
       -> 83.0000
```


第一种计算方法是去掉一个最大值，去掉一个最小值，对剩下的分数取平均分。第二种方式更简单，直接对所有的分数取平均值，也就是所有的分数加起来除以4。相信读者都会采用第一种方式，这里不再过多介绍。

4.2.5　流程控制函数

流程控制函数主要包括case、if()、ifnull()以及nullif()。

1）if(expr1,expr2,expr3)

如果expr1为true（expr1 <> 0且expr1不为空），则if()返回expr2；否则，它将返回expr3。具体示例如下：

```
mysql> select if(1>2,2,3);
      -> 3
mysql> select if(1<2,'yes','no');
      -> 'yes'
-- strcmp字符串函数用于比较给定的字符串是否相等
mysql> select if(strcmp('test','test1'),'no','yes');
      -> 'no'
```

2）ifnull(expr1,expr2)

如果expr1不是null，则ifnull()返回expr1；否则返回expr2。具体示例如下：

```
mysql> select ifnull(1,0),ifnull(null,10),ifnull(1/0,10),ifnull(1/0,'yes');
+-------------+-----------------+----------------+-------------------+
| ifnull(1,0) | ifnull(null,10) | ifnull(1/0,10) | ifnull(1/0,'yes') |
+-------------+-----------------+----------------+-------------------+
|           1 |              10 |      10.0000   | yes               |
+-------------+-----------------+----------------+-------------------+
1 row in set, 2 warnings (0.00 sec)
```

3）case

case语句有两种语法。第一种语法：

```
case value when compare_value then result [when compare_value then result ...] [else result] end
```

当value和对应的compare_value相等时，返回对应的result结果。具体示例如下：

```
mysql> select case 1 when 1 then 'one'
    ->  when 2 then 'two' else 'more' end;
    ->  'one'
```

case的第二种语法：

```
case when condition then result [when condition then result ...] [else result] end
```

该语法返回第一个条件为true的结果（result）；如果都为false，则返回else之后的结果；如果没有else部分，则返回null。

```
mysql> select case when 1>0 then 'true' else 'false' end;
+-------------------------------------------+
| case when 1>0 then 'true' else 'false' end |
+-------------------------------------------+
| true                                      |
+-------------------------------------------+
1 row in set (0.00 sec)
```

流程控制函数的使用场景非常多，例如：

```
-- 学生成绩为A时，显示“优”
-- 学生成绩为B时，显示“良”
-- 学生成绩为C时，显示“及格”
-- 否则不及格
-- 示例
mysql> case when score = 'a' then '优'
     when score = 'b' then '良'
     when score = 'c' then '及格' else '不及格' end
```

4.2.6　强制类型转换函数

MySQL数据库中有两个常用的强制类型转换函数：cast和convert。

1）cast(expr as type [array])

将值强制转换为特定类型。示例如下：

```
-- 将字符串'2021-01-01'转换为date日期类型，将字符串'10'转换为decimal类型
mysql> select cast('2021-01-01' as date) as d, cast('10' as decimal) as d2;
+------------+----+
| d          | d2 |
+------------+----+
| 2021-01-01 | 10 |
+------------+----+
1 row in set (0.00 sec)
```

常用的type类型：

- char[(n)]：当expr不为空时，将expr转换为长度小于或等于n的字符串。
- date：将expr转换为date值。
- decimal[(m [,d])]：将expr转换为最大位数为m、小数点后面位数为d的小数值。
- double：将expr转换为double值。
- float[(p)]：将expr转换为float值。

2）convert(expr, type)

除了cast函数外，也可以使用convert()函数进行强制类型转换。示例如下：

```
mysql> select convert('2021-01-01', date) as d, convert('10', decimal) as d2;
+------------+----+
| d          | d2 |
+------------+----+
| 2021-01-01 | 10 |
+------------+----+
1 row in set (0.00 sec)
```

注意　cast和convert函数本质上没什么区别，只是语法上有所不同而已。

4.2.7　加密函数

MySQL可以使用加密或者解密函数，对存入数据库中的数据进行加密和解密处理，防止他人窃取。

小毅是一名数据库运维工程师，接到上级的指令，需要在用户表临时插入一个用户，用户表的建表SQL如下：

```
### 用户表
create table `sys_user` (
  `id` int not null,
  `username` varchar(100) not null comment '用户名',
  `password` varchar(100) not null comment '密码',
  primary key (`id`)
) engine=innodb default charset=utf8mb4;
```

用户表包含主键id、用户名和密码3个字段，其中密码字段数据通过AES加密，加密后数据转换为十六进制。同时，小毅也知道加密的密码。小毅的操作如下：

```
-- 插入用户ay
mysql> insert into sys_user(id, username, password) values(1, 'ay', hex(aes_encrypt('123456', 'encrypt_password')));
-- 查询插入的用户
mysql> select * from sys_user;
+----+----------+----------------------------------+
| id | username | password                         |
+----+----------+----------------------------------+
|  1 | ay       | B20D5DA4B5C707FB38CB177C62613194 |
+----+----------+----------------------------------+
1 row in set (0.00 sec)
```

说明：

- aes_encrypt（字符串, 密钥）：加密函数。
- aes_decrypt（字符串,密钥）：解密函数。
- hex（二进制字符串）：二进制转十六进制。
- unhex（十六进制字符串）：十六进制转二进制。

AES加密后的数据为二进制，不可读，不便于查询出来后作为中间数据进行存储处理，因此将加密后的二进制数据转换为十六进制后再进行存储。

过了一个月，小毅主管过来询问ay用户的密码是多少，于是小毅通过如下语句查询用户的密码：

```
-- 查询ay用户的密码
mysql> select id, username as '用户名', cast(aes_decrypt(unhex(password), 'encrypt_password') as char) as '密码' from sys_user;
+----+----------+--------+
| id | 用户名   | 密码   |
+----+----------+--------+
```

```
| 1 | ay       | 123456 |
+----+----------+--------+
1 row in set (0.00 sec)
```

先通过unhex函数将十六进制转换为二进制，再通过aes_decrypt进行解密，由于解密后还是二进制类型的数据，因此需要通过cast函数将二进制的密码转换为字符串。

加密后得到的密文通过hex函数转换为十六进制，会导致存储的数据长度比原始数据长很多，浪费存储空间。因此可以考虑使用base32或base64，将二进制转换为32位或64位，这样就会大大减少转换后的字符串长度，减少数据库存储空间的浪费。例如：

4

```
-- 插入用户ay，通过to_base64函数将二进制转换为64位编码，输出字符串
mysql> insert into sys_user(id, username, password) values(1, 'ay', to_base64
(aes_encrypt('123456', 'encrypt_password')));
-- 查询插入的用户
mysql> select * from sys_user;
+----+----------+--------------------------+
| id | username | password                 |
+----+----------+--------------------------+
|  1 | ay       | sg1dpLXHB/s4yxd8YmExlA== |
+----+----------+--------------------------+
1 row in set (0.00 sec)
-- 查询ay用户的密码，通过from_base64函数将64位编码字符串转换为二进制类型数据
mysql> select id, username as '用户名', cast(aes_decrypt(from_base64(password),
'encrypt_password') as char) as '密码' from sys_user;
+----+----------+--------+
| id |  用户名  |  密码  |
+----+----------+--------+
|  1 |   ay     | 123456 |
+----+----------+--------+
1 row in set (0.00 sec)
```

注意　MySQL提供的加密函数不止AES，还有SHA、SHA1等，这些内容涉及密码学知识，读者可自行了解。

4.2.8　信息函数

MySQL中内置了一些可以查询MySQL信息的函数，这些函数主要用于帮助数据库开发人员或运维人员更好地对数据库进行维护工作。

```
-- version(): 返回当前MySQL的版本号
-- user(): 返回当前连接MySQL的用户名，返回结果格式为“用户名@主机名”
-- database(): 返回mysql命令行当前所在的数据库，可以使用use information_schema
-- 切换数据库
mysql> select version(), user(),current_user(), database();
+-----------+----------------+----------------+--------------------+
| version() | user()         | current_user() | database()         |
+-----------+----------------+----------------+--------------------+
| 8.0.29    | root@localhost | root@localhost | information_schema |
+-----------+----------------+----------------+--------------------+
1 row in set (0.00 sec)

-- charset('mysql'): 返回参数的字符集
-- connection_id(): 返回连接的连接 id（线程 id）
mysql> select charset('mysql'),connection_id();
+------------------+-----------------+
| charset('mysql') | connection_id() |
+------------------+-----------------+
| utf8mb4          |              14 |
+------------------+-----------------+
1 row in set (0.00 sec)
```

有关更多信息函数的内容，读者可参考官方文档（https://dev.mysql.com/doc/refman/8.0/en/information-functions.html）。

4.3 变量

MySQL允许在一条语句中将值存储在用户定义的变量中，然后在另一条语句中引用它。这使得我们能够将值从一条语句传递到另一条语句。

用户变量的写法为@var_name，其中变量名var_name由字母、数字、下画线等字符组成。变量不区分大小写。

变量的创建有以下两种方式：

1）使用 set 语句创建变量

set语句创建变量的语法如下：

```
-- =或:=都可以用作赋值运算符
set @var_name = expr [, @var_name = expr] ...
```

例如：

```
-- 设置变量NAME，赋值ay
SET @NAME = 'ay';
-- 查询变量的值
SELECT @NAME;
-- 等价于上条SQL
SELECT @name;
```

2）使用 select 语句创建变量

例如：

```
SELECT @NAME := 'ay';
```

注意　一定要用:=，select语句中使用=会有歧义。

第 5 章

select查询

5

本章主要介绍select查询，包括select简单查询、where条件查询、数据排序order by、数据分组group by、分组后过滤having、组合查询union、子查询以及连接查询等内容。

5.1 select 简单查询

select查询语句非常重要，涉及的知识点也特别多，因此，单独用一章来讲解。如果把select、update、insert、delete比作语句的“四大天王”，那么select绝对是“带头大哥”。

5.1.1 无表查询

工作中，程序员经常要查询数据库当前的时间，例如：

```
-- 查询数据库当前的时间
mysql> select now() from dual;
-- 上面SQL简写如下
mysql> select now();
```

在MySQL中，dual表可以理解为一张虚拟的表，当查询的数据不需要表名时，可以使用dual代替，甚至直接省略dual。

无表查询更多用来验证基本数学计算、函数是不是与预期一致等。比如想知道char_length("mysql")函数执行完后，是不是返回5，就可以使用如下查询语句：

```
    -- 查询“mysql”字符数是不是5
mysql> select char_length("mysql");
```

5.1.2　指定列查询

想要查询表中所有列的数据，可以使用如下语句：

```
-- 查询所有列，*就是选择所有列的简写
mysql> select * from sys_user;
```


工作中往往不需要查询所有列的数据，只需查询感兴趣的那几列，把具体的列名列出来即可，例如：

```
-- 只查询自己感兴趣的主键字段(id)、用户名字段(username)、密码字段(password)
mysql> select id,username,password from sys_user;
```

还可以调整列的顺序，比如：

```
-- 用户名字段、密码字段放在前面，主键字段放在后面
mysql> select username,password,id from sys_user;
```

比较重要的字段一般放在左边，因为我们的阅读习惯都是从左往右。有一点需要注意，就是只返回满足需要的数据，如只需要两列数据，就返回两列数据，只需要五列数据，就返回五列数据，能不多返回就不多返回。原因是数据在网络上传输时，数据量越少，传输越快。背着10斤砖头的人和背着100斤砖头的人，同时在公路赛跑，谁跑得快谁跑得慢，一目了然。数据传输过程如图5-1所示。

图 5-1　数据传输

数据越大，传输时间越长，前端页面等待时间越长，对用户体验越不好。

5.1.3　limit指定行和分页查询

MySQL可使用limit子句约束select语句返回的行数。limit接收一个或两个数值参数，这两个参数都必须是非负整数常量（有例外情况，但读者暂时不用考虑）。

使用两个参数时，第一个参数指定要返回的第一行的偏移量，第二个参数指定要返回的最大行数。初始行的偏移量为0（而不是1），例如：

```
-- 检索第 6～15 行
select * from tbl limit 5,10;
```

若要检索从某个偏移量到结果集末尾的所有行，则可以为第二个参数使用一些大数字。例如上述语句检索从第96行到最后一行的所有行：

```
-- 检索从第96行到最后一行
select * from tbl limit 95,18446744073709551615;
```

使用一个参数时，该值指定要从结果集开头返回的行数，例如：

```
### 检索前 5 行
select * from tbl limit 5;
```

换句话说，limit row_count等同于limit 0，row_count。

limit子句还有一个重要的作用就是分页。分页想必读者都不陌生，比如淘宝或者京东的订单分页，分页列表通常如图5-2所示。

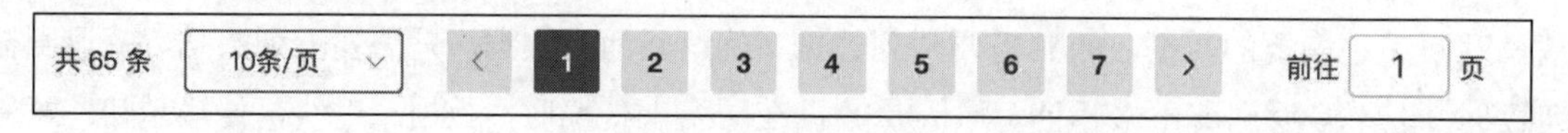

图 5-2　分页列表

假如每页展示10条数据，查询第1页、第2页、第3页……对应的SQL语句如下：

```
-- 第1页数据，每页10条数据，取1～10行数据
select * from page_data  limit 0,10;
-- 第2页数据，每页10条数据，取11～20行数据
select * from page_data  limit 10,10;
-- 第3页数据，每页10条数据，取21～30行数据
select * from page_data  limit 20,10;
...
```

提示　读者可到“附录A　MySQL数据”中获取page_data表及数据，并执行对应的SQL语句。

5.2　where 条件查询

数据库表通常包含大量的数据，例如微信或者微博的用户量至少有好几亿，我们不可能每次都把数据全部查询出来，通常只会通过特定的查询条件（过滤条件）检索出对应的数据，供我们使用。

5.2.1　使用where子句

在select语句中，数据根据where子句中指定的过滤条件进行过滤，where子句通常在表名（from子句）后面出现。select语句的语法如图5-3所示。select语句的语法可参考官方文档（https://dev.mysql.com/doc/refman/8.0/en/select.html）。

```
SELECT
    [ALL | DISTINCT | DISTINCTROW ]
    [HIGH_PRIORITY]
    [STRAIGHT_JOIN]
    [SQL_SMALL_RESULT] [SQL_BIG_RESULT] [SQL_BUFFER_RESULT]
    [SQL_NO_CACHE] [SQL_CALC_FOUND_ROWS]
    select_expr [, select_expr] ...
    [into_option]
    [FROM table_references                    WHERE
      [PARTITION partition_list]]
    [WHERE where_condition]
    [GROUP BY {col_name | expr | position}, ... [WITH ROLLUP]]
    [HAVING where_condition]
    [WINDOW window_name AS (window_spec)
        [, window_name AS (window_spec)] ...]
    [ORDER BY {col_name | expr | position}
      [ASC | DESC], ... [WITH ROLLUP]]
    [LIMIT {[offset,] row_count | row_count OFFSET offset}]
    [into_option]
    [FOR {UPDATE | SHARE}
        [OF tbl_name [, tbl_name] ...]
        [NOWAIT | SKIP LOCKED]
      | LOCK IN SHARE MODE]
    [into_option]

into_option: {
    INTO OUTFILE 'file_name'
        [CHARACTER SET charset_name]
        export_options
  | INTO DUMPFILE 'file_name'
  | INTO var_name [, var_name] ...
}
```

图 5-3　select 语句的语法

建议读者多看select语句的语法，注意where、group by、having、order by、limit子句在select语句中所处的位置和顺序等，这些子句的位置和顺序不要弄错，它们在工作或者面试时也都是经常使用或者被提问到的。

5.2.2 where单值查询

假如有如图5-4所示的用户表数据。

	id	username	password	sex	age	phone	email	create_time	update_time
1	1	Dara	SA7365038867408153235762	1	57	26475758	cras.eu@aol.com	2022-02-08 23:45:29	2023-04-02 17:54:53
2	2	Lenore	TR417162364465644575036322	0	93	10191338	eu.nulla.at@hotmail.com	2022-06-22 07:23:51	2022-06-21 00:08:32
3	3	Helen	MR1999424275956626017796980	1	97	42936337	pede.sagittis.augue@protonmail.net	2023-09-11 17:50:05	2023-01-24 02:22:52
4	4	Karly	TR354526860637542368744744	0	40	20462672	velit.egestas.lacinia@yahoo.com	2023-12-24 17:15:11	2022-10-14 09:28:52
5	5	Virginia	GI22HBDT588736345172645	0	73	23419496	per.conubia@outlook.edu	2022-02-18 06:22:50	2023-07-14 04:54:33
6	6	Katell	MU3685732736868316477964123683	1	4	46106178	tellus.sem@hotmail.couk	2023-05-09 09:58:48	2023-07-16 04:31:19
7	7	Anastasia	DK1932476273067850	0	40	31887446	curabitur.consequat@outlook.com	2022-01-16 17:20:13	2022-11-17 16:31:50
8	8	Ariel	EE464613789392334259	1	28	46534128	sed@google.ca	2023-01-14 14:37:49	2023-11-22 11:34:22
9	9	Ingrid	AZ91846149473756852059361365	1	11	47412993	ultricies.dignissim@google.net	2023-12-27 13:16:59	2023-05-19 09:18:40
10	10	Haviva	SM8835720347583962910527373	0	45	21979885	maecenas.malesuada@google.ca	2023-07-05 13:20:00	2023-09-13 11:14:10
11	11	Desirae	AL53058230356742442888136644	0	52	21179941	urna.nec@aol.com	2022-03-21 13:32:27	2023-09-26 04:57:14
12	12	Echo	FI0834348783501798	0	64	31857576	luctus.et.ultrices@protonmail.ca	2022-08-19 01:48:14	2022-08-16 13:46:17
13	13	Yvonne	GE15496246278565080051	1	28	8914249	bibendum.ullamcorper.duis@yahoo.org	2023-12-09 15:48:13	2023-05-11 17:12:47
14	14	Phoebe	LT268449291124468847	0	64	8966357	faucibus.lectus.a@google.edu	2022-05-30 22:52:20	2022-09-18 17:37:58
15	15	Maite	LV52EMAI7771432942608	0	7	36530414	fringilla@yahoo.ca	2022-08-27 15:20:51	2022-11-30 12:57:30
16	16	Aretha	FO7355830335502140	0	2	42940172	faucibus.orci.luctus@outlook.couk	2023-04-29 09:31:25	2022-12-19 10:10:09
17	17	Haley	EE801928889415277248	1	52	11385529	semper.auctor@icloud.edu	2022-03-25 02:12:33	2022-08-26 06:53:59
18	18	Pandora	IE36ZKIC06486864352785	0	58	31785344	lectus.pede.ultrices@aol.com	2023-12-07 18:55:58	2022-12-25 22:27:20
19	19	Aileen	RO39YXYT4937638273282435	1	37	2038786	aenean.egestas@outlook.net	2022-11-24 09:31:44	2022-10-05 21:30:44
20	20	Larissa	CH2607316522367412696	1	60	5909512	lacinia.vitae@google.com	2023-03-09 09:21:27	2022-12-14 02:36:25
21	21	Cally	AE478314941150812373965	0	67	41939437	fames.ac@hotmail.org	2022-05-31 11:21:46	2022-07-24 04:15:05
22	22	Amy	VG5619847356151441260014	0	77	4890456	cras.vulputate.velit@protonmail.org	2022-01-10 19:21:20	2022-05-24 10:23:17
23	23	Fleur	LV210NHP6356040263838	1	99	41160126	rutrum.urna@aol.org	2023-05-19 10:35:51	2023-12-21 11:31:31

图 5-4 用户表数据

提示 读者可到附录A中下载SQL文件sys_user.sql，将数据导入数据库。

通过用户名查询数据的SQL语句如下：

```
select * from sys_user where username = 'Helen';
```

where子句后可以使用“字段名称 比较符 查询值”来进行数据过滤。上述SQL语句中username是字段名称，=是比较符，'Helen'是查询值。除了=以外，常用的比较运算符还有>（大于）、<（小于）、!=或者<>（不等于）、>=（大于或等于），以及<=（小于或等于）。例如：

```
-- 查询所有暮年（≥86岁）
select * from sys_user where age >= 86;
-- 查询所有的儿童（0～7岁）
select * from sys_user where age <= 7;
```

!=和<>都有不等于的含义，例如：

```
-- 查询用户名称不等于Dara的所有用户
select * from sys_user where username != '';
-- 等同于
select * from sys_user where username <> 'Dara';
```

建议在工作中使用<>，虽然!=和<>二者都可以使用，但ANSI标准中使用的是<>。

5.2.3　范围和区间查询

假如想要查询所有的儿童或者青年，使用简单的比较运算符的写法如下：

```
-- 查询所有的儿童（0~7岁）
select * from sys_user where age >= 0 AND age <= 7;
```

但这样写难免烦琐一点，MySQL已经为我们提供了便捷语句between and。

Between... and...需要两个参数，即范围的起始值和终止值。如果字段值在指定的范围内，则这些记录被返回；如果字段值不在指定范围内，则不会被返回。使用between and的基本语法格式如下：

```
-- between and 表示的是一个闭区间([ ])的范围
expr between min and max
```

例如：

```
-- 查询所有儿童（0~7岁）
select * from sys_user where age between 0 and 7;
-- 查询所有的青年（14~25岁）
select * from sys_user where age between 14 and 25;
```

between...and...表示在一个连续的范围内查询，而in表示在一个非连续的范围内查询，例如：

```
-- 查询所有3岁、7岁、18岁的用户
select * from sys_user where age in(3,7,18);
-- 查询名字叫Yvonne、Chloe以及Maite的用户
select * from sys_user where username in ('Yvonne','Chloe','Maite');
```

当然，between... and...以及in都可以在前面加一个not来表示非的意思，比如：

```
-- 查询所有非儿童（0~7岁）的用户
select * from sys_user where  age not between 0 and 7;
-- 查询所有非青年（14~25岁）的用户
```

```
select * from sys_user where age not between 14 and 25;
-- 查询所有不是3岁、7岁、18岁的用户
select * from sys_user where age not in(3,7,18);
```

5.2.4 模糊查询

假如想查询名字以“A”开头或者姓“郭”的用户，就需要使用MySQL提供的模糊查询关键字like。like可以使用以下两个通配符：

- %表示匹配任意数量的字符，甚至零个字符。
- _表示匹配一个任意字符。

例如：

```
-- 查询姓名以“A”开头的用户
select * from sys_user where username like 'A%';
-- 查询姓名以“郭”开头的用户
select * from sys_user where username like '郭%';
-- 查询姓名以“小龙”开头的用户，姓名的第3个字可以存在，也可以不存在
-- 这时候小龙、小龙女等姓名都可以被搜索到
select * from sys_user where username like '小龙%';
-- 查询姓名以“小龙”开头的用户，姓名的第3个字必须存在
-- 这时候小龙不能被搜索到，小龙女可以被搜索到
select * from sys_user where username like '小龙_';
-- 查询姓名中间包含“龙”的用户
select * from sys_user where username like '%龙%';
-- 查询姓名中间包含“龙”且龙前后都有1个字的用户
select * from sys_user where username like '_龙_';
```

%和_可以放在查询值的任何地方（前面、中间、后面），并可以包含任意数量的%和_。例如：

```
-- 查询姓名以“小”开头、以“女”结尾的姓名用户
select * from sys_user where username like '小%女';
-- 查询姓名以“小”开头，以“女”结尾，且中间必须有1个字的用户
select * from sys_user where username like '小_女';
-- 查询姓名以“女”结尾，且“女”前面必须有两个字的用户
select * from sys_user where username like '__女';
```

5.2.5 空值查询

在创建表时可以指定字段是否必填，对于非必填的字段，如果该字段不存在值，则称之为

包含空值null。这样很好理解，我们在注册微信或者微博时，并不会在注册页面中填写所有个人信息，对于没填写的个人信息，在库表存储的可能就是null。

MySQL提供的判断是否为null的方法有is null和is not null，例如：

```
-- 查询邮箱为null的用户
select * from sys_user where email is null;
-- 查询邮箱不为null的用户
select * from sys_user where email is not null;
-- 使用isnull函数（建议）
select * from sys_user where  isnull(email)
```

null不等同于空字符（''），例如：

```
-- 查询邮箱为''的用户
select * from sys_user where email = '';
-- 查询邮箱不为''的用户
select * from sys_user where email != '';
```

空字符串使用比较运算符时，建议使用=或者!=，而null使用is null或者is not null。空字符串不占空间，null占空间。例如：

```
mysql> select length(null), length('') ;
+--------------+------------+
| length(null) | length('') |
+--------------+------------+
|         null |          0 |
+--------------+------------+
1 row in set (0.00 sec)
```

可以看出空字符串（''）的长度是0，不占用空间；null的长度是null，占用空间。使用count()统计某列的记录数时，如果采用的是null，则会被系统自动忽略掉；如果采用的是空字符串，则会被统计。

最后，根据阿里巴巴开发规范，推荐使用isnull()来判断是否为null。

5.2.6　where多值查询

目前为止，我们讲解的都是单一条件的数据过滤，现实生活中往往需要通过多个条件对数据进行过滤，这些条件可使用and或者or运算符进行组合查询。例如：

```
-- 查询用户名叫“小龙女”且年纪为17岁的用户，and表示且的意思
```

```
select * from sys_user where username = '小龙女' and age = 17;
-- 查询用户名叫“小龙女”或者年纪为17岁的用户，or表示或的意思
select * from sys_user where username = '小龙女' or age = 17;
```

上述示例中，and表示且的意思，也就是说and前后的条件都要满足；or表示或的意思，也就是说or前后的条件只要满足一个即可。

在where子句中，通过and、or运算符可以同时连接多个条件。当然and和or运算符也可以同时使用，只是使用时需要特别注意优先级。例如：

```
where condition1 or condition2 and condition3
```

其运算实际等同于：

```
where condition1 or (condition2 and condition3)
```

由此可以看出，当and和or同时存在时，SQL首先执行and条件，然后才执行or语句。例如：

```
-- 查询年纪是17岁且性别为女性，或者用户名为“小龙女”的用户
select * from sys_user where username = '小龙女' or age = 17 and sex = 1;
-- 等同于
select * from sys_user where username = '小龙女' or (age = 17 and sex = 1);
```

5.3 数据排序 order by

假如想对用户数据按照年龄从小到大排序，就需要使用MySQL提供的order by子句，例如：

```
-- 按照年龄从小到大排序（升序）
select * from sys_user order by age asc;
-- asc可以省略，等同于
select * from sys_user order by age;
```

MySQL默认排序顺序为升序，最小值在前。若要按相反顺序（降序）排序，则将desc关键字添加到要作为排序依据的列的名称中，例如：

```
-- 按照年龄，从大到小排序（降序）
select * from sys_user order by age desc;
```

现实生活中往往需要对多列数据进行排序，比如先按照年龄进行升序排序，再按照姓名进行降序排序，例如：

```
-- 先按照年龄进行升序排序，再按照姓名进行降序排序
select * from sys_user order by age asc, username desc;
-- asc可以省略，等同于
select * from sys_user order by age, username desc;
```

5.4　数据分组 group by

现有如图5-5所示的商品表products和图5-6所示的销售公司表vendors。

	prod_id	vend_id	prod_name	prod_price	prod_desc
1	1	1001	车厘子	95.99	智利进口车厘子,约2.5kg礼盒装(JJJ级果)
2	10	1002	西红柿	2.99	西红柿约500g,称重退差价
3	11	1003	鲍鱼	50.00	鲜活大鲍鱼1只,35-40g
4	12	1003	黄花鱼	4.49	鲜活黄花鱼1条,200-250g
5	13	1003	铅笔	2.50	2B铅笔,耐用
6	14	1003	钢笔	10.00	好用钢笔
7	2	1001	葡萄	29.99	香印阳光玫瑰(二季鲜果)500g/份
8	3	1001	枣	14.99	牛奶脆蜜枣400-50g/份
9	4	1003	大闸蟹	13.00	冻三眼蟹300g
10	5	1003	三文鱼	110.00	三文鱼骨400g
11	6	1003	虾仁	52.50	去肠黑虎虾仁130g
12	7	1002	红萝卜	3.42	红萝卜500g+100g
13	8	1005	酒精	15.00	消毒酒精,喷雾型
14	9	1005	口罩	5.00	医用外科口罩100个

图 5-5　商品表数据

	vend_id	vend_name	vend_address	vend_city	vend_zip	vend_country
1	1001	朴朴超市	厦门湖里区	福建	303100	中国
2	1002	天猫超市	上海静安区	上海	331000	中国
3	1003	京东到家	北京望京	北京	250000	中国
4	1004	美团	北京	北京	450000	中国
5	1005	元初	厦门思明区	福建	120000	中国
6	1006	山姆	美国纽约	纽约	45678	美国

图 5-6　销售公司表数据

提示　建表语句和初始化SQL见“附录A　MySQL数据”。

假如想分别统计不同的销售公司都销售了多少种商品，则可以使用MySQL提供的分组语句group by，具体示例如下：

```
-- 通过销售公司id分组，分组后通过 count(*) 统计每个销售公司分别销售了多少种商品
mysql> select vend_id, count(*) as prod_num from products group by vend_id;
+---------+----------+
```

```
| vend_id | prod_num |
+---------+----------+
|    1001 |        3 |
|    1002 |        2 |
|    1003 |        7 |
|    1005 |        2 |
+---------+----------+
4 rows in set (0.00 sec)
```

以上SQL展示了不同的销售公司销售商品的种类数量。

group by的本质就是将某些列分组，并将分组后的每组数据进行函数运算（如sum、max、avg、count等），得出每组的最终结果。

使用group by需要注意：select的所有列均需要通过group by进行分组，但不包含函数作用列；除了单字段分组外，group by还支持多字段分组，分组从左到右。例如：

```
mysql> select age, sex, count(*) from sys_user group by age, sex order by age ASC;
+------+------+----------+
| age  | sex  | COUNT(*) |
+------+------+----------+
|    1 |    1 |        1 |
|    2 |    0 |        5 |
|    2 |    1 |        1 |
|    3 |    0 |        2 |
|    3 |    1 |        5 |
|    4 |    0 |        3 |
...省略数据...
|   94 |    1 |        2 |
|   95 |    0 |        1 |
|   95 |    1 |        5 |
|   96 |    0 |        1 |
|   96 |    1 |        4 |
|   97 |    1 |        4 |
|   98 |    0 |        5 |
|   98 |    1 |        2 |
|   99 |    0 |        2 |
|   99 |    1 |        4 |
+------+------+----------+
178 rows in set (0.00 sec)
```

上述SQL中，首先通过年龄和性别分组，再统计不同的年龄下不同的性别所占的人数。从查询结果中可以看出，99岁的男性(sex=0)有2个，99岁的女性(sex=1)有4个。多字段分组中，select中的age和sex在group by中都出现了，但是count(*)可以不在group by中出现。

sys_user表的初始化SQL见“附录A　MySQL数据”。

5.5　分组后过滤 having

group by可以对数据进行分组，如果想对分组的数据进行过滤，则需要使用having子句。having子句是分组后过滤的条件，在group by之后使用，也就是说如果要用having子句，则必须先有group by子句。

现有如图5-7所示的学生成绩表，其中student_id、course_id、course_name以及score分别表示学生编号、课程id（id=1表示语文，id=2表示数学，id=3表示英语）、课程名称以及分数。

	id	student_id	course_id	course_name	score	create_time	update_time
1	1	10000	1	语文	88	2022-07-07 10:28:55	2022-03-02 11:49:19
2	2	10001	1	语文	95	2022-06-24 22:19:49	2023-08-28 18:53:04
3	3	10002	1	语文	83	2023-07-22 13:46:43	2022-07-27 02:17:44
4	4	10003	1	语文	88	2022-09-19 13:21:03	2022-12-02 19:45:35
5	5	10004	1	语文	72	2023-06-07 02:59:16	2022-12-13 20:03:49
6	6	10005	1	语文	74	2023-08-12 13:24:00	2023-07-25 07:32:13
7	7	10006	1	语文	85	2022-08-01 14:31:32	2023-09-28 14:56:13
8	8	10007	1	语文	81	2022-02-25 03:20:26	2023-08-13 16:56:23
9	9	10008	1	语文	93	2022-10-01 05:15:50	2023-05-13 23:51:14
10	10	10009	1	语文	78	2022-02-14 11:20:08	2024-01-09 08:25:13
11	11	10010	1	语文	83	2023-04-21 12:48:38	2022-09-25 03:55:14
12	12	10011	1	语文	96	2022-03-27 10:47:40	2023-10-22 02:50:35
13	13	10012	1	语文	81	2023-04-02 22:16:01	2022-07-29 04:36:45
14	14	10013	1	语文	80	2022-08-08 21:00:42	2022-07-18 09:20:40
15	15	10014	1	语文	99	2022-02-14 22:48:17	2023-05-19 13:01:59
16	16	10015	1	语文	92	2022-09-06 09:30:38	2023-09-05 07:56:43

图 5-7　学生成绩表

假如想统计平均成绩≥95分的学生的编号及其平均成绩，则具体的SQL如下：

```
-- 统计平均成绩≥95分的学生的编号及其平均成绩
mysql> select student_id, avg(score) as '平均成绩' from student_score group by
student_id having avg(score) >= 95;
+------------+--------------+
| student_id | 平均成绩      |
+------------+--------------+
|      10031 |      97.3333 |
|      10059 |      98.3333 |
+------------+--------------+
2 rows in set (0.00 sec)
```

统计的思路如下：

首先通过学生编号进行分组（group by student_id;），然后计算每个学生的平均成绩：

```
-- 统计每个学生编号及对应的平均成绩
mysql> select student_id, avg(score) as '平均成绩' from student_score group by
student_id;
```

再使用having子句对分组后的数据进行过滤，统计平均成绩≥95分的学生的编号及其平均成绩。

统计原理如图5-8所示。

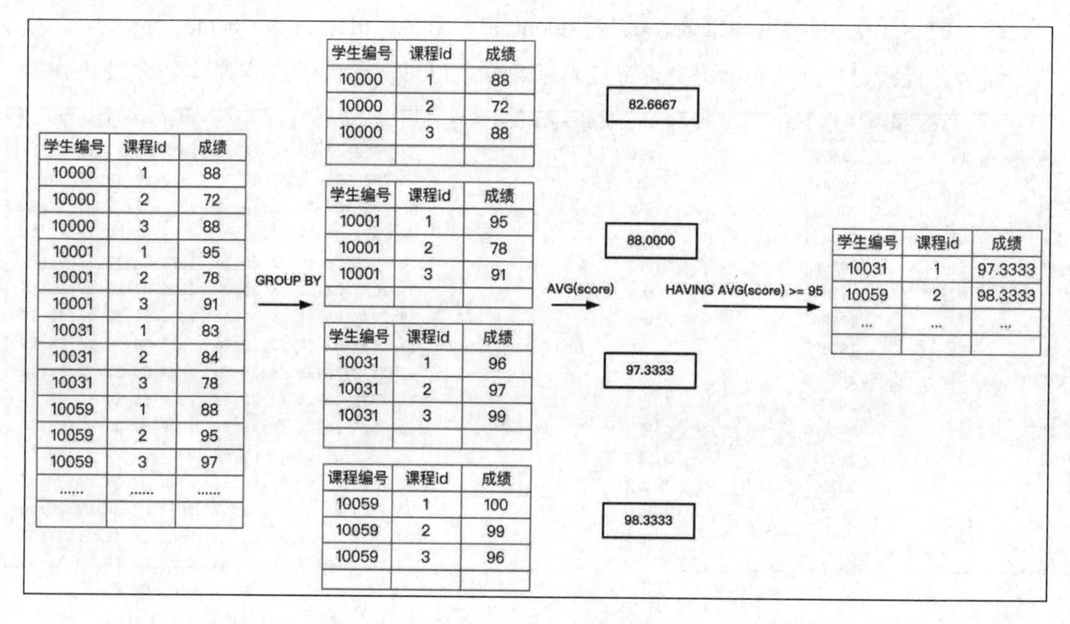

图 5-8　统计平均成绩≥95 分的学生的编号及其平均成绩原理

提示 学生成绩表的初始化SQL见“附录A　MySQL数据”。

5.6　组合查询 union

MySQL支持执行多个查询（多条select语句），并将多个查询结果作为单个查询结果集返回，这种查询通常叫作组合查询，而普通SQL查询都只包含从一张或多张表中返回数据的单条select语句。

组合查询使用union关键字。在工作中，对同一张表使用union关键字的场景并不多，更多的是使用union组合不同的表。union关键字的使用也很简单，只需给出每条select语句，并在各条select语句之间放上关键字union即可。union关键字使用时需要注意以下几点：

- union关键字必须由两条或者两条以上的select语句组成，语句之间用关键字union分隔。
- union中的每个查询必须包含相同的列、表达式或者聚合函数，各个列不需要以相同的次序列出。
- 列数据类型必须兼容：类型不必完全相同，但是必须是数据库管理系统（Database Management System，DBMS）可以隐含转换的类型。

使用union关键字，默认会从查询结果中自动去除重复的行，即union distinct，例如：

第一条SQL

查询学生编号为'10000'和'10001'的学生，查询结果共有6条数据。

```
mysql> select student_id, course_id, score from student_score where student_id in
('10000','10001');
+------------+-----------+-------+
| student_id | course_id | score |
+------------+-----------+-------+
|      10000 |         1 |    88 |
|      10001 |         1 |    95 |
|      10000 |         2 |    72 |
|      10001 |         2 |    78 |
|      10000 |         3 |    88 |
|      10001 |         3 |    91 |
+------------+-----------+-------+
6 rows in set (0.01 sec)
```

第二条SQL

查询学生编号为'10001'和'10002'的学生，查询结果共有6条数据。

```
mysql> select student_id, course_id, score from student_score where student_id in
('10001','10002');
+------------+-----------+-------+
| student_id | course_id | score |
+------------+-----------+-------+
|      10001 |         1 |    95 |
|      10002 |         1 |    83 |
|      10001 |         2 |    78 |
```

```
|      10002 |          2 |   84  |
|      10001 |          3 |   91  |
|      10002 |          3 |   78  |
+------------+------------+-------+
6 rows in set (0.00 sec)
```

union语句组合查询

使用union语句，将第一条SQL和第二条SQL进行组合查询。

```
mysql> select student_id, course_id, score from student_score where student_id in ('10000','10001')
    -> union distinct
    -> select student_id, course_id, score from student_score where student_id in ('10001','10002');
+------------+------------+-------+
| student_id | course_id | score |
+------------+------------+-------+
|      10000 |          1 |    88 |
|      10001 |          1 |    95 |
|      10000 |          2 |    72 |
|      10001 |          2 |    78 |
|      10000 |          3 |    88 |
|      10001 |          3 |    91 |
|      10002 |          1 |    83 |
|      10002 |          2 |    84 |
|      10002 |          3 |    78 |
+------------+------------+-------+
9 rows in set (0.00 sec)
```

使用union语句，将第一条SQL和第二条SQL进行组合查询，理论上查询结果应该有6 + 6 = 12行数据，但是结果只有9行数据，原因是union distinct会自动去除重复的数据。distinct默认可以不写。如果想保留重复的行，可以使用union all。

聪明的读者可能会发现，使用union语句查询出的结果集中student_id没有顺序，我们可以使用order by子句再次对结果集进行排序。

示例：使用order by语句再次对结果集进行排序。

```
mysql> select student_id, course_id, score from student_score where student_id in ('10000','10001')
    -> union distinct
    -> select student_id, course_id, score from student_score where student_id in ('10001','10002')
```

```
    -> order by student_id asc;
+------------+-----------+-------+
| student_id | course_id | score |
+------------+-----------+-------+
|     10000  |         1 |   88  |
|     10000  |         2 |   72  |
|     10000  |         3 |   88  |
|     10001  |         1 |   95  |
|     10001  |         2 |   78  |
|     10001  |         3 |   91  |
|     10002  |         1 |   83  |
|     10002  |         2 |   84  |
|     10002  |         3 |   78  |
+------------+-----------+-------+
9 rows in set (0.01 sec)
```


union关键字的进一步应用

小毅是某某大学的数据库工程师，负责维护学校的学生管理系统数据库。某天教务科主任想了解语文成绩超过99分的学生有哪些，英语成绩为个位数的学生有哪些。小毅昨天刚刚通过图书《像程序员一样使用MySQL》全面学习了union关键字，于是通过如下SQL语句查询出教务主任想要的信息：。

示例：查询课程id=1（语文）且分数>99 的所有学生 以及 查询课程id=3（英语）且分数<10 的所有学生。

```
mysql> select student_id, course_id, score from student_score where score > 99 and course_id = 1
union
select student_id, course_id, score from student_score where score < 10 and course_id = 3;
+------------+-----------+-------+
| student_id | course_id | score |
+------------+-----------+-------+
|     10059  |         1 |  100  |
|     10017  |         3 |    7  |
|     10070  |         3 |    3  |
+------------+-----------+-------+
3 rows in set (0.00 sec)
```

通过查询得知，语文成绩>99分的只有编号为10059的学生，英语成绩最差的有编号为10017和10070的学生。得到这个信息后，教务科主任满意地离开了。

之后，小毅发现还可以通过更简洁的语句解决教务主任的问题，例如：

```
-- 查询结果与上面的SQL语句一样
SELECT student_id, course_id, score FROM student_score WHERE (score > 99 and course_id
= 1)
OR (score < 10 and course_id = 3);
```

5.7　子查询

所谓子查询，就是查询语句中嵌套了查询语句，也称为嵌套查询。现有员工薪资表，具体如图5-9所示。

	id	staff_id	staff_name	salary	sex	create_time	update_time
1	1	10000	Raphael	1534	1	2022-05-12 03:05:27	2022-09-28 21:59:19
2	2	10001	Marny	5566	0	2022-12-16 15:56:47	2023-10-30 09:36:14
3	3	10002	Cruz	3361	1	2022-03-04 20:42:03	2022-05-05 06:52:38
4	4	10003	Charles	8124	0	2022-12-17 04:03:15	2023-09-28 01:28:50
5	5	10004	Sopoline	4872	0	2022-11-01 15:40:58	2023-04-23 23:29:16
6	6	10005	Otto	3215	1	2023-05-15 09:57:52	2023-09-01 05:00:36
7	7	10006	Ivan	8082	1	2023-02-23 11:33:38	2023-11-28 18:54:22
8	8	10007	Hanae	9281	1	2023-10-24 13:00:54	2022-03-19 04:32:08
9	9	10008	Cailin	9729	1	2022-02-12 16:56:40	2022-05-02 00:19:03
10	10	10009	Briar	5836	0	2022-09-16 04:24:31	2022-05-23 14:51:21
11	11	10010	Beau	5082	1	2023-07-29 14:46:28	2023-02-16 08:23:26
12	12	10011	Jaquelyn	1581	0	2022-06-20 18:37:05	2023-02-16 10:52:25
13	13	10012	Ursa	7268	1	2022-07-16 19:46:50	2022-08-01 16:56:44
14	14	10013	Clark	5715	0	2023-08-04 21:07:52	2022-07-12 10:49:46
15	15	10014	Zachary	2306	0	2023-12-07 20:26:29	2022-04-23 22:59:18
16	16	10015	Madison	8632	0	2023-10-05 05:00:13	2023-04-02 02:13:23
17	17	10016	Wyoming	1065	0	2023-11-18 01:49:59	2023-10-13 16:29:54
18	18	10017	Rebekah	7634	1	2023-09-18 13:43:09	2023-10-08 09:51:27
19	19	10018	Dawn	6363	0	2023-06-21 23:13:54	2023-10-09 03:14:55
20	20	10019	Karly	5174	0	2023-10-03 05:05:52	2022-02-27 15:56:19

图 5-9　员工薪资表

小毅在一家大型互联网公司担任DBA工程师，有一天部门财务总监让小毅帮忙查询一下谁的薪资比Troy高，因为小毅看过《像程序员一样使用MySQL》这本书，所以二话不说，使用如下SQL解决这个需求：

```
-- 查询谁的薪资比Troy高
mysql> select staff_id, staff_name,salary from staff_salary where salary > (
    -> select salary from staff_salary where staff_name = 'Troy');
+----------+------------+--------+
| staff_id | staff_name | salary |
+----------+------------+--------+
|   10028  | Akeem      |   9949 |
```

```
|    10243 | Macey         |   9975 |
+----------+---------------+--------+
2 rows in set (0.01 sec)
```

上述SQL就是所谓的子查询，select语句中嵌套select语句，内层select语句查询出员工Troy的薪资，将Troy的薪资作为外层查询的条件，进而查询出薪资比Troy高的员工有Akeem和Macey。财务总监得此信息后，满意地离开了办公室。

MySQL子查询按照查询的返回结果，可以分为：

- 单行单列（标量子查询）：返回单行单列的内容，可以理解为一个单值数据。
- 单行多列（行子查询）：返回一行数据中多个列的内容。
- 多行单列（列子查询）：返回多行记录之中同一列的内容。
- 多行多列（表子查询）：查询返回的结果是一张临时表。

MySQL子查询可以出现在select、from、where或者having后，例如：

```
select
...(select子查询)
from
...(select子查询)
where
...(select子查询)
    order by
having
...(select子查询)
```

MySQL子查询也可以与in、any、all、exists、比较运算符（>、>=、<=、<、=、 <>）组合，例如：

```
in (selec子查询)
any(select子查询)
all(select子查询)
exists(select子查询)
```

以下我们来看看MySQL子查询与in组合的查询示例。

示例：查询哪些员工的薪资和部门id=9的员工薪资相同。

```
mysql> select staff_id, staff_name, dept_id from staff_salary where dept_id != 9
and salary in
    -> (
```

```
    -> select salary from staff_salary where dept_id =9
    -> );
+----------+------------+---------+
| staff_id | staff_name | dept_id |
+----------+------------+---------+
|    10027 | Ryan       |       4 |
|    10319 | Karleigh   |       8 |
+----------+------------+---------+
2 rows in set (0.00 sec)
```

上述SQL中使用select salary from staff_salary where dept_id =9查询部门id=9的员工薪资，外层select使用dept_id != 9，过滤掉部门id=9的所有员工，然后使用in关键字查询和部门id=9的员工薪资相同的员工。

如果子查询没写好，则容易出现慢SQL（即查询时间耗时长）。对此通常可以通过将子查询修改为连接查询和添加索引来解决，所以接下来开始学习连接查询。

5.8 连接查询

目前为止，我们都是在单张表中查询和过滤数据，如果数据存储在多张表中，那怎样用单条select语句检索出数据呢？答案是使用连接。简单地说，连接是一种机制，用来在一条select语句中关联表。MySQL连接主要包括内连接、左连接（左外连接）、右连接（右外连接）。

现有省份数据、城市数据以及区域数据（在“附录A　MySQL数据”中找到中国省市区数据的初始化SQL），具体如下：

```
-- 省份数据
mysql> select * from province where 1 = 1 order by province_id;
+-------------+--------------------------+
| province_id | province_name            |
+-------------+--------------------------+
|           1 | 北京市                   |
|           2 | 天津市                   |
|           3 | 河北省                   |
|           4 | 山西省                   |
|           5 | 内蒙古自治区             |
|           6 | 辽宁省                   |
... 省略数据...
|          33 | 澳门特别行政区           |
|          34 | 台湾省                   |
```

```
-- 这条数据（测试数据）
|          35 | 测试省份                  |
+-------------+---------------------------+
35 rows in set (0.00 sec)

-- 城市数据
mysql> select * from city  where 1 = 1 order by city_id;
+---------+----------------------------------------+----------+-------------+
| city_id | city_name                              | zip_code | province_id |
+---------+----------------------------------------+----------+-------------+
|       1 | 北京市                                 | 100000   |           1 |
|       2 | 天津市                                 | 100000   |           2 |
|       3 | 石家庄市                               | 050000   |           3 |
... 省略数据...
|     342 | 五家渠市                               | 831300   |          31 |
|     343 | 香港特别行政区                         | 000000   |          32 |
|     344 | 澳门特别行政区                         | 000000   |          33 |
|     345 | 台湾省                                 | 000000   |          34 |
|     346 | 测试市区                               | 000000   |        NULL |
+---------+----------------------------------------+----------+-------------+
345 rows in set (0.00 sec)
```


省份表有省份id和省份名称province_name，城市表有城市id、城市名称city_name、城市邮编zip_code以及区分城市属于哪个省份的province_id。其中province_id=35的“测试省份”不关联任何城市。

内连接示例如下：

```
-- 内连接
mysql> select p.province_id, p.province_name, c.city_id, c.city_name from province
p inner join city c on p.province_id = c.province_id;
+-------------+---------------------------+---------+----------------------+
| province_id | province_name             | city_id | city_name            |
+-------------+---------------------------+---------+----------------------+
|           1 | 北京市                    |       1 | 北京市               |
|           2 | 天津市                    |       2 | 天津市               |
|           3 | 河北省                    |       3 | 石家庄市             |
|           3 | 河北省                    |       4 | 唐山市               |
... 省略数据...
|          32 | 香港特别行政区            |     343 | 香港特别行政区       |
|          33 | 澳门特别行政区            |     344 | 澳门特别行政区       |
|          34 | 台湾省                    |     345 | 台湾省               |
+-------------+---------------------------+---------+----------------------+
345 rows in set (0.00 sec)
```

上述SQL中，p和c是表的小名（或叫别名）。有了小名，当要展示某些字段时，就可以直接使用[小名].[字段名]来表示，比如p.province_id或者c.city_id。内连接使用inner join关键字，比如province p inner join city c表示province表和city表进行内连接，组合两张表中的记录，通过p.province_id = c.province_id进行关联，返回与关联字段相符的记录，也就是返回两张表的交集部分，具体原理如图5-10的阴影部分所示。

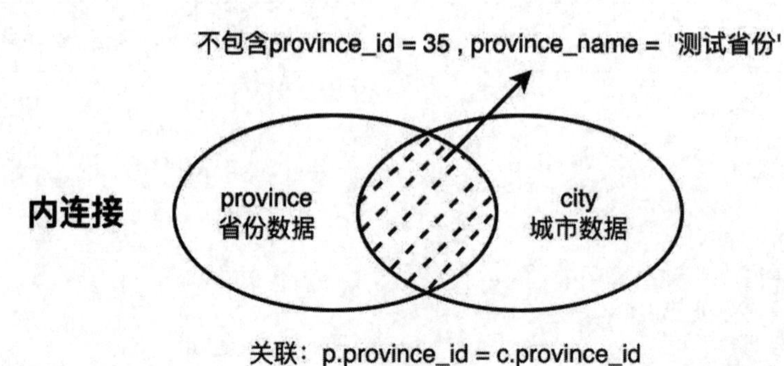

图 5-10　内连接原理图

左连接示例如下：

```
-- 左连接
mysql> select p.province_id,p.province_name, c.city_id, c.city_name from province p left join  city c on p.province_id = c.province_id;
+-------------+---------------+---------+----------------------------------+
| province_id | province_name           | city_id | city_name                        |
+-------------+---------------+---------+----------------------------------+
|           1 | 北京市              |       1 | 北京市                           |
|           2 | 天津市              |       2 | 天津市                           |
|           3 | 河北省              |      13 | 衡水市                           |
... 省略数据...
|          34 | 台湾省              |     345 | 台湾省                           |
-- 右表关联的记录不存在时均为null值
|          35 | 测试省份            |    NULL | NULL                             |
+-------------+---------------+---------+----------------------------------+
346 rows in set (0.00 sec)
```

上述SQL中使用left join进行左（外）连接，left join是left outer join的简写。左（外）连接时，左表province的记录将会被全部查询出来，而右表city只会查询出符合关联条件的记录。右表关联的记录不存在时均为null。左连接原理如图5-11所示。

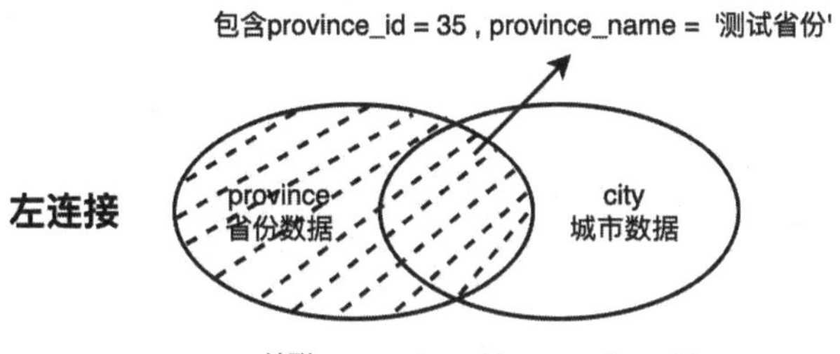

图 5-11 左连接原理图

右连接示例如下：

```
-- 右连接
mysql> select p.province_id,p.province_name,c.city_id, c.city_name  from province
p right outer join  city c on p.province_id = c.province_id;
+------------+----------------+---------+------------------------------------+
| province_id | province_name          | city_id | city_name                     |
+------------+----------------+---------+------------------------------------+
|          1 | 北京市               |       1 | 北京市                          |
|          2 | 天津市               |       2 | 天津市                          |
|          3 | 河北省               |       3 | 石家庄市                        |
... 省略数据...
|         34 | 台湾省               |     345 | 台湾省                          |
-- 左表关联的记录不存在时均为NULL值
|       NULL | NULL                 |     346 | 测试市区                        |
+-----------+----------------+---------+------------------------------------+
346 rows in set (0.00 sec)
```

上述SQL中使用right join进行右（外）连接，right join是right outer join的简写。与左（外）连接相反，右（外）连接时，左表province只会查询出符合关联条件的记录，而右表city的记录将会被全部查询出来。左表关联的记录不存在时均为null。右连接原理如图5-12所示。

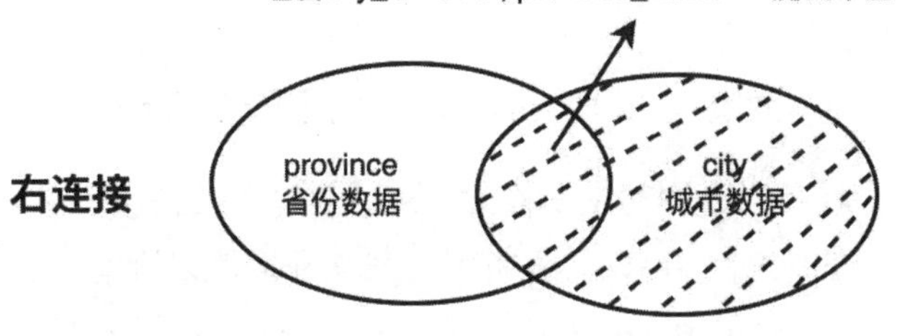

图 5-12 右连接原理图

第 6 章

索　引

本章主要介绍索引的相关内容，包括什么是索引，索引的增、删、改、查，索引类型。其中索引类型包括主键索引、唯一索引、普通索引以及前缀索引。

6.1　认识索引

本节主要讲解什么是索引，索引的种类有哪些，索引的增、删、改、查怎么操作。

6.1.1　什么是索引

理解什么是索引，最好的比喻就是图书馆。图书馆为图书准备了检索目录，包括书名、书号、对应的位置信息（哪个区、哪个书架、哪一层），可以通过书名、书号或者作者快速获知书的位置，找到需要的书。还可以用《新华字典》来比喻，要查找某些生字，我们不会直接在词典中一页一页地找，而是通过字的拼音或者部首定位到字的页码，进而快速找到该字。

MySQL中的索引，就相当于图书馆的检索目录或者字典的拼音目录，它是帮助MySQL系统快速检索数据的一种存储结构。可以在索引中按照查询条件来检索索引字段的值，然后快速定位数据记录的位置，这样就不需要遍历整个数据表了，而且数据表中的字段越多，表中数据记录越多，速度提升就越明显。

索引提升查询速度的示例如下：

在“附录A　MySQL数据”中，找到生成500万条数据的SQL文件，执行文件中的SQL语句，该语句可以生成500万条用户数据。用户表结构如下：

```
-- five_million_user表结构
create table `five_million_user`(
    `id` int not null auto_increment comment '主键',
    `name` varchar(50) default '' comment '用户名称',
    `email` varchar(50) not null comment '邮箱',
    `phone` varchar(20) default '' comment '手机号',
    `sex` tinyint default '0' comment '性别（0-男 ： 1-女）',
    `password` varchar(100) not null comment '密码',
    `age` tinyint default '0' comment '年龄',
    `create_time` datetime default now(),
    `update_time` datetime default now(),
    primary key (`id`)
)engine = innodb default charset = utf8 comment='500万用户表';
```

用户数据如图6-1所示。

	id	name	email	phone	sex	password	age	create_time	update_time
1	1	用户姓名0	0qq.com	181032345634	0	99360d46-98a0-11ed-bb18-6ecbad040b2c	43	2023-01-20 16:58:25	2023-01-20 16:58:25
2	2	用户姓名1	1qq.com	18224177857	0	99365e72-98a0-11ed-bb18-6ecbad040b2c	13	2023-01-20 16:58:25	2023-01-20 16:58:25
3	3	用户姓名2	2qq.com	181460899513	0	9936617e-98a0-11ed-bb18-6ecbad040b2c	93	2023-01-20 16:58:25	2023-01-20 16:58:25
4	4	用户姓名3	3qq.com	18619162024	1	993662b4-98a0-11ed-bb18-6ecbad040b2c	15	2023-01-20 16:58:25	2023-01-20 16:58:25
5	5	用户姓名4	4qq.com	18588678128	0	993663ae-98a0-11ed-bb18-6ecbad040b2c	44	2023-01-20 16:58:25	2023-01-20 16:58:25
6	6	用户姓名5	5qq.com	181876878680	1	9936649e-98a0-11ed-bb18-6ecbad040b2c	9	2023-01-20 16:58:25	2023-01-20 16:58:25
7	7	用户姓名6	6qq.com	181255988036	0	99366598-98a0-11ed-bb18-6ecbad040b2c	4	2023-01-20 16:58:25	2023-01-20 16:58:25
8	8	用户姓名7	7qq.com	18403321592	1	9936667e-98a0-11ed-bb18-6ecbad040b2c	98	2023-01-20 16:58:25	2023-01-20 16:58:25
9	9	用户姓名8	8qq.com	18254053495	1	99366778-98a0-11ed-bb18-6ecbad040b2c	22	2023-01-20 16:58:25	2023-01-20 16:58:25
10	10	用户姓名9	9qq.com	181834599704	0	99366868-98a0-11ed-bb18-6ecbad040b2c	81	2023-01-20 16:58:25	2023-01-20 16:58:25
11	11	用户姓名10	10qq.com	181208535115	1	99366ca0-98a0-11ed-bb18-6ecbad040b2c	80	2023-01-20 16:58:25	2023-01-20 16:58:25
12	12	用户姓名11	11qq.com	181548620232	1	99366dd6-98a0-11ed-bb18-6ecbad040b2c	79	2023-01-20 16:58:25	2023-01-20 16:58:25
13	13	用户姓名12	12qq.com	1859173595	1	99366ed0-98a0-11ed-bb18-6ecbad040b2c	75	2023-01-20 16:58:25	2023-01-20 16:58:25
14	14	用户姓名13	13qq.com	18921144399	0	99366fc0-98a0-11ed-bb18-6ecbad040b2c	27	2023-01-20 16:58:25	2023-01-20 16:58:25
15	15	用户姓名14	14qq.com	181793867961	1	9936709c-98a0-11ed-bb18-6ecbad040b2c	62	2023-01-20 16:58:25	2023-01-20 16:58:25
16	16	用户姓名15	15qq.com	18838541255	0	99367196-98a0-11ed-bb18-6ecbad040b2c	36	2023-01-20 16:58:25	2023-01-20 16:58:25
17	17	用户姓名16	16qq.com	181548868491	1	99367286-98a0-11ed-bb18-6ecbad040b2c	44	2023-01-20 16:58:25	2023-01-20 16:58:25

图 6-1　500 万用户数据

通过如下SQL语句查询用户名为“用户姓名3999999”的用户：

```
-- 查询用户名为“用户姓名3999999”的用户
mysql> select t.* from five_million_user t where name = '用户姓名3999999'\G;
*************************** 1. row ***************************
         id: 4000000
       name: 用户姓名3999999
      email: 3999999qq.com
      phone: 181015419237
```

```
       sex: 1
  password: c596e388-98a0-11ed-bb18-6ecbad040b2c
       age: 91
create_time: 2023-01-20 16:58:25
update_time: 2023-01-20 16:58:25
1 row in set (2.09 sec) -- 耗时
```

上述SQL共耗时2.09s，速度非常慢，在工作中这样的查询效率是无法接受的，用户都希望能快速看到数据。如何解决这个问题呢？可以给表创建索引，例如：

```
-- 给five_million_user表的name字段创建索引，索引名称为idx_name
mysql> create index idx_name on five_million_user (name) comment '索引名称';
```

查询用户名为“用户姓名3888888”的用户：

```
mysql> select t.* from five_million_user t where name = '用户姓名3888888'\G;
*************************** 1. row ***************************
        id: 3888889
      name: 用户姓名3888888
     email: 3888888qq.com
     phone: 181893742835
       sex: 1
  password: c4628e04-98a0-11ed-bb18-6ecbad040b2c
       age: 44
create_time: 2023-01-20 16:58:25
update_time: 2023-01-20 16:58:25
1 row in set (0.037 sec) -- 耗时（不同性能的计算机，执行时间会有所差异）
```

创建索引后，执行效率明显提升，性能提升50倍以上。当然，不同的服务器性能不一样，执行时间会有所差异。

注意 在一张数据表中只能有一个主键索引，当表中的数据比较少时（例如少于500行），是不需要创建索引的。另外，当数据重复度大（比如高于30%）的时候，也不需要对这个字段使用索引，例如性别字段，就不需要对它创建索引。

6.1.2 索引的种类

从上节内容可知，索引的本质目的是帮我们快速定位想要查找的数据。索引也有很多种类：从功能逻辑来划分，索引可分为四种，分别是主键索引、唯一索引、普通索引和全文索引。

按照物理实现方式，索引可以分为两种，分别是聚集索引和非聚集索引。非聚集索引也称为二级索引或者辅助索引。主键索引属于聚集索引，其他索引属于非聚集索引。一张表只能有一个唯一索引，同理，一张表也只能有一个聚集索引。除全文索引外（使用场景少），6.2节会详细介绍每一类索引。

6.1.3　索引增、删、改、查

1. 创建索引

索引的创建方法有多种，下面详细讲述各种创建方法。

1）创建表的同时创建索引

语法如下：

```
-- 单字段索引创建语法
create table 表名
(
字段 数据类型,
...
{ index | key | unique } 索引名(字段)
)
-- 多字段索引创建语法
create table 表名
(
字段 数据类型,
...
{ index | key |unique } 索引名(字段1，字段2，...)
)
```

创建单字段普通索引示例如下：

```
create table index_test(
   column_a varchar(100) null,
   column_b varchar(100) null,
   -- 创建column_a单字段普通索引，索引名称为idx_a
index idx_a(column_a)
);
```

创建多字段普通索引示例如下：

```
create table index_test(
   column_a varchar(100) null,
   column_b varchar(100) null,
```

```
    -- 创建column_a、column_b多字段普通索引，索引名称为idx_a_b
index idx_a_b(column_a,column_b)
);
```

创建单字段唯一索引示例如下：

```
create table index_test(
    column_a varchar(100) null,
    column_b varchar(100) null,
    -- 创建column_a单字段唯一索引，索引名称为idx_a
unique idx_a(column_a)
);
```

创建多字段唯一索引示例如下：

```
create table index_test(
    column_a varchar(100) null,
    column_b varchar(100) null,
    -- 创建column_a、column_b多字段唯一索引，索引名称为idx_a_b
unique idx_a_b(column_a,column_b)
);
```

创建单（多）字段全文索引类似，把index或者unique关键字替换成fulltext关键字即可。创建主键索引，也只是把index或者unique关键字替换成primary key，并设置字段不为null，例如：

```
create table index_test(
    column_a varchar(100) not null,
    column_b varchar(100) null,
    -- 设置column_a字段为主键，MySQL会自动创建主键索引和唯一索引
primary key (column_a)
);
```

2）通过修改表来创建索引

语法如下：

```
alter table 表名 add { index | key | unique } 索引名 (字段);
```

例如：

```
-- 主键索引
alter table index_test add primary key (column_a);
--  唯一索引
alter table index_test add unique (column_a);
--  普通索引
alter table index_test add index idx_name (column_a);
```

```
-- 全文索引
alter table index_test add fulltext (column_a);
-- 多列索引
alter table index_test add index index_name (column_a,column_b);
```

3）使用create语句直接给已存在的表创建索引

语法如下：

```
create index 索引名 on table 表名 (字段);
```

例如：

```
create index idx_test on index_test (column_a) comment '普通索引（单列）';
create index idx_test on index_test (column_a, column_b) comment '组合索引';
create unique index idx_test on index_test (column_a) comment '唯一索引';
create unique index idx_test on index_test (column_a,column_b) comment '组合唯一索引';
create fulltext index idx_test on index_test (column_a) comment '全文索引';
```

2. 索引的删、改、查

下面介绍索引的删、改、查操作。

1）查看和修改索引

当想查看表的所有索引时，可以使用如下SQL语句：

```
show {indexe|index|keys} from [table_name]
```

示例：

```
show index from index_test;
```

如果想修改索引，一般需要先删除原索引，再根据需要创建一个同名的索引，从而变相地实现修改索引操作。例如：

```
-- 1：先删除索引idx_name
alter table index_test drop index idx_name;
-- 2：再创建新索引
create index idx_name_new on index_test (column_a) comment '普通索引（单列）';
```

2）删除索引

当不再需要索引时，可以使用drop index语句或alter table语句来删除索引。

（1）使用drop index语句，语法如下：

6

```
drop index <索引名> on <表名>
```

示例：

```
-- 删除索引（可运用在普通索引、前缀索引中）
DROP INDEX idx_name ON index_test;
```

（2）使用alter table语句，语法如下：

```
-- 删除普通索引
alter table <表名> drop index <索引名>
-- 删除主键索引
alter table <表名> drop primary key;
```

示例：

```
-- 删除普通索引（可运用在普通索引、前缀索引中）
alter table index_test drop index idx_name;
-- 删除主键/主键索引
alter table index_test drop primary key;
```

因为一张表只可能有一个primary key（主键索引），因此不需要指定索引名。

6.2 索引类型

6.1.2节大致介绍了索引的种类，本节将详细介绍各种索引。

6.2.1 主键及主键索引

维基百科对主键的定义为“表中经常有一列或多列的组合，其值能唯一地标识表中的每一行。这样的一列或多列称为表的主键”。

还记得创建500万行记录的建表语句吗？（参考“附录A　MySQL数据”中的file_million_user.sql文件）

```
create table `five_million_user`(
    `id` int not null auto_increment comment '主键',
    `name` varchar(50) default '' comment '用户名称',
    ... 省略代码 ...
     -- 单字段主键
```

```
primary key (`id`)
)engine = innodb default charset = utf8 commeNT='500万用户表';
```

five_million_user表的主键字段是id，MySQL自动生成基于id字段的主键索引。

又比如创建多字段的主键如下：

```
create table primary_key_table
(
    column_a int not null,
    column_b int not null,
    -- 多字段主键
    primary key (column_a, column_b)
);
```


无论是单字段主键还是多字段的主键，主键值必须唯一且不允许为空，当插入的值为空时，MySQL报“[23000][1048] Column xxx cannot be null”错误。

提示 工作中选取主键的一个基本原则

不使用任何与业务相关的字段作为主键，比如身份证号、手机号、邮箱地址等字段，均不可作为主键。单字段的主键一般都用id命名，常见的可作为id字段的类型有：

- 自增整数类型：数据库会在插入数据时自动为每一条记录分配一个自增整数，这样我们就完全不用担心主键重复，也不用自己预先生成主键。
- 全局唯一GUID类型：使用一种全局唯一的字符串作为主键，例如0f0ba2c3-bebe-4e97-bc12- 7226b9902e56。GUID算法通过网卡MAC地址、时间戳和随机数保证任意计算机在任意时间生成的字符串都是不同的，大部分编程语言都内置了GUID算法，可以自己预算出主键。

如果主键使用int自增类型，那么当表的记录数超过2147483647（约21亿）条时，会因达到上限而出错。如果主键使用bigint自增类型，那么表的记录数最多约922亿条。

6.2.2 唯一索引

在设计数据表的时候，唯一的列，例如身份证号、邮箱地址、手机号码等，因为具有业务含义，所以不宜作为主键，但是这些列根据业务要求，又具有唯一性约束，即不能出现两条记录存储了同一个号码。这个时候，就可以给该列添加唯一索引。添加唯一索引的SQL如下：

```
-- 给表five_million_user添加唯一索引，索引名称为idx_email，索引列为email
alter table five_million_user add unique index idx_email (email);
```

唯一索引列中的值必须是唯一的，但是允许为空值。主键索引是一种特殊的唯一索引，不允许有空值。

除了给单字段添加唯一索引外，也可以创建多字段组合唯一索引：

```
--表five_million_user创建组合唯一索引，索引名称为idx_email_phone，索引列为email和phone
alter table five_million_user add unique index idx_email_phone (email,phone);
```

6.2.3 普通的单字段索引

单字段索引就是给表中的某个字段建立索引，比如要通过用户名name搜索用户，就可以把用户名name作为索引字段。选择某个字段作为索引时，要选择那些经常被用作筛选条件的字段。

仍然使用“附录A MySQL数据”中的500万用户数据为例，创建普通的单字段索引的示例如下：

```
-- 给表five_million_user添加普通的单字段索引，索引名称为idx_name，索引列为name
alter table five_million_user add index idx_name (name);
```

6.2.4 普通的组合索引

MySQL可以创建组合索引（复合索引），所谓组合索引就是索引由多个字段组合而成。在工作中往往会遇到比较复杂的多字段查询，而且查询频率很高，这时可以考虑使用组合索引。

仍然使用“附录A MySQL数据”中的500万用户数据为例，在未创建组合索引时，执行如下SQL：

```
-- 通过name和phone查询用户数据
mysql> select * from five_million_user where name = '用户姓名3999510' and phone =
'181699898100'\G;
*************************** 1. row ***************************
     id: 3999511
   name: 用户姓名3999510
  email: 3999510qq.com
  phone: 181699898100
    sex: 0
```

```
  password: c5950a40-98a0-11ed-bb18-6ecbad040b2c
       age: 60
create_time: 2023-01-20 16:58:25
update_time: 2023-01-20 16:58:25
1 row in set (2.03 sec)
```

通过name和phone创建组合索引：

```
-- 组合索引
mysql> create index idx_name_phone on five_million_user(name,phone);
```

再次通过name和phone查询用户数据：

```
-- 通过name和phone查询用户数据
mysql> select * from five_million_user where  name = '用户姓名2999510' and phone =
'181414675715'\G;
************************** 1. row ***************************
        id: 3999511
      name: 用户姓名3999510
     email: 3999510qq.com
     phone: 181699898100
       sex: 0
  password: c5950a40-98a0-11ed-bb18-6ecbad040b2c
       age: 60
create_time: 2023-01-20 16:58:25
update_time: 2023-01-20 16:58:25
1 row in set (0.039 sec)
```

有了组合索引，再次查询数据时执行效率明显提升。

提示 **创建组合索引时，需要注意索引的顺序问题**

因为组合索引(x, y, z)和(z, y, x)在使用的时候效率可能会存在差别。这里需要说明的是组合索引遵守最左匹配原则，也就是按照最左优先的方式进行索引的匹配，比如索引顺序(x, y, z):

（1）如果查询条件是where x=1，就可以匹配上组合索引。

（2）如果查询条件是where x=1 and y=2，就可以匹配上组合索引。

（3）如果查询条件是where x=1 and y=2 and z=3，就可以匹配上组合索引。

（4）如果查询条件是where x=1 and z=2 and y=3，就可以匹配上组合索引。

（5）如果查询条件是where z=1 and x=2 and z=3，就可以匹配上组合索引。

（6）如果查询条件是where z>1 and x=2 and y=3，就可以匹配上组合索引。

（7）如果查询条件是where y=2，则无法匹配上组合索引。

（8）如果查询条件是where y=2 and z=3，则无法匹配上组合索引。

（9）如果查询条件是where y>2 and x=1 and z=3，就可以使用索引(x,y,z)的x列和y列。y是范围列，索引列最多作用于一个范围列，范围列之后的z列无法使用索引。

第（4）、（5）、（6）条之所以可以匹配上组合索引，是因为MySQL在逻辑查询优化阶段会自动进行查询重写。对于等值查询，MySQL优化器会调整顺序；对于范围条件查询，比如<、<=、>、>=、between等，范围列后面的列无法使用索引。（4）和（5）中的查询条件等价于（3）中的查询条件，（6）中的查询条件等价于where x=2 and y=3 and z>1，索引列最多作用于一个范围列。

6.2.5　前缀索引

前缀索引属于普通索引，所谓前缀索引，就是对字符串的前几个字符建立索引，这样建立起来的索引更小，可以节省空间又不用额外增加太多的查询成本。

为什么不对整个字段建立索引呢？一般来说使用前缀索引，可能都是因为整个字段的数据量太大，没有必要针对整个字段建立索引，前缀索引仅仅是选择一个字段的部分字符作为索引，一方面可以节约索引空间，另一方面则可以提高索引效率。以邮箱为例，假如某个系统的用户表的用户邮箱字段的统一格式为xxx@qq.com或者xxx@163.com，这里的xxx长度不相等，那么可以只为xxx创建索引。

选择多长的xxx作为索引长度呢？需要关注区分度，区分度越高，越能体现索引的价值和优势，区分度取值范围为[0,1]。如果区分度为1，就是唯一索引，搜索效率最高，但也最浪费磁盘空间，这不符合我们创建前缀索引的初衷。之所以要创建前缀索引而不是唯一索引，就是希望在索引的查询性能和所占的存储空间之间找到一个平衡点，通过选择足够长的前缀来保证较高的区分度，同时索引又不占用太多存储空间。

如何选择一个合适的索引区分度呢？索引前缀应该足够长，以便前缀索引的区分度接近于索引的整个列，即前缀的基数应该接近于完整列的基数。

仍然以“附录A　MySQL数据”中的500万用户数据为例，通过以下SQL得到email的全列区分度：

```
mysql> select count(distinct email) / count(*) as 'eamil区分度' from
five_million_user;
+-----------------+
| eamil区分度      |
+-----------------+
|       0.5903    |
+-----------------+
1 row in set (8.45 sec)
```

通过count(*)计算总记录数，通过count(distinct email)计算不重复的email记录数，count(distinct email) / count(*)就可以得出email的区分度。email最大的区分度为0.5903，说明存在重复的数据(这些重复的数据可以忽略，与初始化数据的SQL有关，这里只是为了演示方便)。


```
-- 计算前缀长度为10、11、12、13对应的区分度
mysql> select
    ->  count(distinct left(email,10)) / count(*) as l10,
    ->  count(distinct left(email,11)) / count(*) as l11,
    ->  count(distinct left(email,12)) / count(*) as l12,
    ->  count(distinct left(email,13)) / count(*) as l13 from five_million_user;
+--------+--------+--------+--------+
| l10    | l11    | l12    | l13    |
+--------+--------+--------+--------+
| 0.5667 | 0.5886 | 0.5903 | 0.5903 |
+--------+--------+--------+--------+
1 row in set (43.01 sec)
```

从上述SQL可知，当前缀长度选择12时，结果最接近于全列区分度。因此，可以选择前缀长度12来创建email的前缀索引：

```
-- 使用col_name (length) 语法指定索引前缀长度
mysql> create index idx_email on five_million_user(email(12));
```

注意 对于bolb、text或者很长的varchar类型的列，必须使用前缀索引。

第 7 章

MySQL事务

本章主要介绍事务的4大特性（ACID）、如何使用事务以及事务的四种隔离级别，即读未提交、读已提交、可重复读和串行化。

7.1 事务的 4 大特性

事务（Transaction）是指提供一种机制将一个活动涉及的所有操作纳入一个不可分割的执行单元，组成事务的所有操作。只有在所有操作均能正常执行的情况下才能提交事务，其中任何一个操作执行失败，都将导致整个事务的回滚。

事务和存储引擎相关，MySQL中InnoDB存储引擎是支持事务的，而MyISAM存储引擎不支持事务。

数据库中，事务有4大特性（ACID）：

- 原子性（Atomicity）：事务作为一个整体被执行，不可分割，包含在其中的对数据库的操作要么全部被执行，要么都不执行。原子性是基础，是事务的基本单位。
- 一致性（Consistency）：事务应确保数据库的状态从一个一致状态转变为另一个一致状态。一致状态的含义是数据库中的数据应满足完整性约束，也就是说当事务提交后，或者当事务发生回滚后，数据库的完整性约束不能被破坏。
- 隔离性（Isolation）：多个事务并发执行时，一个事务的执行不应影响其他事务的执行。

- 持久性（Durability）：已被提交的事务对数据库的修改应该永久保存在数据库中，不会因为系统故障而失效。

事务的4大特性比较抽象，我们以用船运送货物为例来进行说明，如图7-1所示。

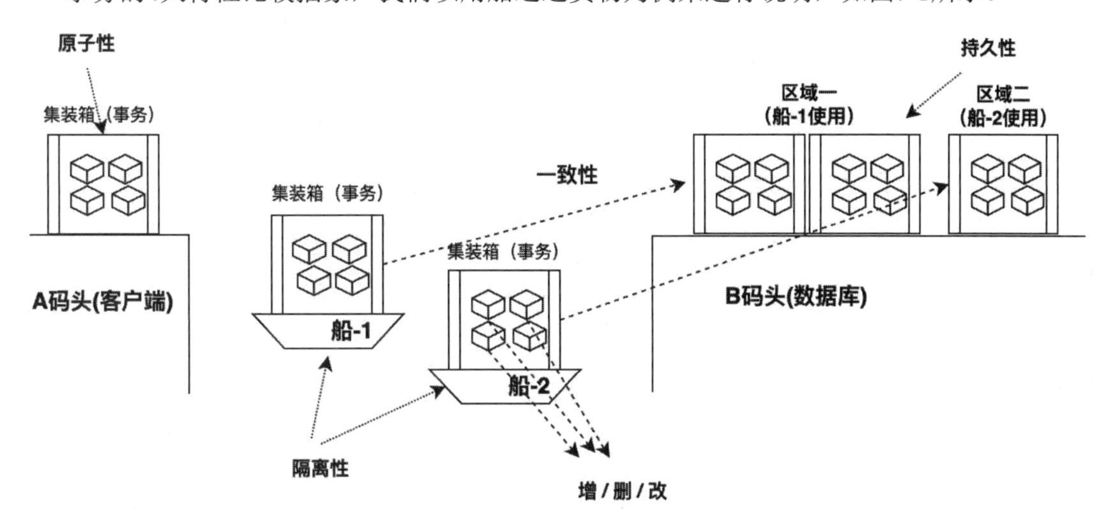

图 7-1　事务的 4 大特性的案例图解

原子性比较好理解，每个集装箱包含很多物品，类似一个事务包含很多操作（增/删/改），每个集装箱打包好后就是一个整体，不可分割。货船把集装箱从A码头运送到B码头，单个集装箱要么被运送到B码头，要么出现事故沉到海底，要么被原路运回去，不会出现集装箱里面的物品一半被运到目的地，一半被退回原地的情况。

每条船都负责运送自己的集装箱，走自己的航线，相互不影响，这就是所谓的隔离性。

集装箱在A码头装货到船上，这类似于事务提交；集装箱在B码头卸货，这类似于事务执行完成。当集装箱被卸货后，物品就放在那里了，不会因为码头的哪条路坏了或是哪个路灯坏了，物品就丢了，这就是所谓的持久性。

假如B码头规定，从哪条船运来的集装箱只能在约定好的固定区域卸货并在固定区域存放，甚至规定某区域只能放多少个集装箱，集装箱只能叠多高，某区域的集装箱被运走后新的集装箱才能被运进来。这些约定大家要遵守且不能乱，并且一直有效，否则整个码头就会乱成一团，这可以简单理解为一致性。又比如说，在数据表中我们将手机号字段设置为唯一性约束，当事务进行提交或者事务发生回滚的时候，如果数据表中的手机号非唯一，就破坏了事务的一致性。

最后，简单说明事务的实现原理，感兴趣的读者可以深入了解。

事务的ACID是通过InnoDB日志和锁来保证的。事务的隔离性是通过数据库锁的机制实现的。原子性和一致性是通过Undo Log来实现的。Undo Log的原理很简单：为了满足事务的原子性，在操作任何数据之前，首先将数据备份到一个地方（这个存储数据备份的地方称为Undo Log），然后进行数据的修改；如果出现了错误或者用户执行了Rollback语句，系统就可以利用Undo Log中的备份将数据恢复到事务开始之前的状态。

持久性是通过Redo Log（重做日志）来实现的。和Undo Log相反，Redo Log记录的是新数据的备份。在事务提交前，只需将Redo Log持久化即可，不需要将数据持久化。当系统崩溃时，虽然数据没有持久化，但是Redo Log已经持久化，系统可以根据Redo Log的内容将所有数据恢复到最新的状态。

7.2　使用事务

事务的语法结构如下：

```
start transaction 或者 begin（开始事务）
一组DML语句
commit（提交事务）
rollback（事务回滚）
```

说明：

- start transaction 和 begin：表示开始事务，后面的DML操作都是当前事务的一部分。
- commit：表示提交事务，意思是执行当前事务的全部操作，让数据更改永久有效。
- rollback：表示回滚当前事务的操作，取消对数据的更改。

设置事务提交模式的语法如下：

```
-- 0-关闭自动提交  1-自动提交
SET autocommit = {0 | 1}
```

默认情况下，MySQL使用自动提交模式。这意味着，当不在事务内部时，每个语句都是原子的，就像它被start transaction和commit包围一样，不能使用rollback来撤销；但是，如果在语句执行期间发生错误，则回滚该语句。如果SET autocommit=0，则会关闭当前线程的事务自动提交功能，事务将持续存在直到主动执行commit或rollback语句，或者断开连接。

事务提交示例如下：

```
-- 创建数据库表transaction_test
mysql> create table transaction_test(name varchar(255), primary key (name))
engine=innodb;
-- 开始事务
mysql> begin;
query ok, 0 rows affected (0.00 sec)
-- 插入数据“张三”
mysql> insert into transaction_test(name) values ('张三');
query ok, 1 row affected (0.00 sec)
-- 提交事务
mysql> commit;
query ok, 0 rows affected (0.00 sec)
-- 开始事务
mysql> begin;
query ok, 0 rows affected (0.00 sec)
-- 第一次插入数据“李四”
mysql> insert into transaction_test(name) values ('李四');
query ok, 1 row affected (0.00 sec)
-- 第二次插入数据“李四”，由于name是主键（唯一），因此报duplicate  xx  key错误
mysql> insert into transaction_test(name) values ('李四');
error 1062 (23000): duplicate entry '李四' for key 'transaction_test.primary'
-- 回滚数据
mysql> rollback;
query ok, 0 rows affected (0.00 sec)
-- 查询数据
mysql> select * from transaction_test;
+--------+
| name   |
+--------+
| 张三   |
+--------+
1 row in set (0.00 sec)
```

上述示例最终查询结果只有“张三”。示例中提交了两个事务，第一个事务提交成功，“张三”被保存到数据库；第二个事务由于重复将“李四”保存到数据库，导致数据库报重复数据异常，事务进行回滚。因此，数据库只有“张三”数据。

稍微修改一下SQL语句：

```
mysql> begin;
query ok, 0 rows affected (0.00 sec)
```

```
-- 插入数据“张三”
mysql> insert into transaction_test(name) values ('张三');
query ok, 1 row affected (0.00 sec)

mysql> commit;
query ok, 0 rows affected (0.00 sec)
-- 这里没有开启新事务，这是和上个示例最主要的区别
-- 第一次插入数据“李四”
mysql> insert into transaction_test(name) values ('李四');
query ok, 1 row affected (0.00 sec)

-- 第二次插入数据“李四”
mysql> insert into transaction_test(name) values ('李四');
error 1062 (23000): duplicate entry '李四' for key 'transaction_test.primary'
mysql> rollback;
query ok, 0 rows affected (0.00 sec)

mysql> select * from transaction_test;
+--------+
| name   |
+--------+
| 张三   |
| 李四   |
+--------+
2 rows in set (0.00 sec)
```

上述SQL中，查询结果为“张三”和“李四”。原因在于，第一次插入数据“李四”的时候，由于MySQL的事务默认是自动提交的，因此执行完插入后，事务就提交了；第二次执行插入数据“李四”的时候，由于没有开启新事务，重复地将“李四”保存到数据库，导致数据库报重复数据异常，MySQL自动进行第二次插入语句回滚。最后在执行rollback的时候，实际上事务已经自动提交了，rollback 无任何效果。

下面关闭MySQL的事务自动提交模式：

```
-- 关闭事务自动提交模式
mysql> set autocommit = 0;
Query OK, 0 rows affected (0.00 sec)
-- 查询是否关闭成功，OFF表示自动提交已关闭
mysql> show variables like 'autocommit';
+---------------+-------+
| Variable_name | Value |
+---------------+-------+
| autocommit    | OFF   |
+---------------+-------+
1 row in set (0.00 sec)
```

再次执行如下SQL：

```
mysql> begin;
query ok, 0 rows affected (0.00 sec)
-- 插入数据“张三”
mysql> insert into transaction_test(name) values ('张三');
query ok, 1 row affected (0.00 sec)
mysql> commit;
query ok, 0 rows affected (0.00 sec)
-- 第一次插入数据“李四”
mysql> insert into transaction_test(name) values ('李四');
query ok, 1 row affected (0.00 sec)
-- 第二次插入数据“李四”
mysql> insert into transaction_test(name) values ('李四');
error 1062 (23000): duplicate entry '李四' for key 'transaction_test.primary'
mysql> rollback;
query ok, 0 rows affected (0.00 sec)
mysql> select * from transaction_test;
+--------+
| name   |
+--------+
| 张三   |
+--------+
1 row in set (0.00 sec)
```

上述SQL中，最终查询结果只有“张三”，因为我们关闭了自动提交模式，“张三”在第一个事务中被保存到数据库，完成了数据持久化；而两次插入“李四”导致执行异常，但又无法自动提交事务，则MySQL执行rollback回滚语句，将“李四”数据回滚了，最终数据库只有“张三”一条记录。

上述示例都是演示如何通过客户端开启一个事务，工作中，还有一种常用的方式，就是在应用程序中使用事务注解或者调用相关的事务方法来操作事务。例如在Spring框架中，可以使用@Transactional注解来控制事务，也可以通过在应用程序中提交包含事务的SQL语句到数据库中来控制事务，具体如图7-2所示。

不过，无论使用哪种方式来控制事务，本质都是转化为数据库事务SQL，并提交到数据库中执行。

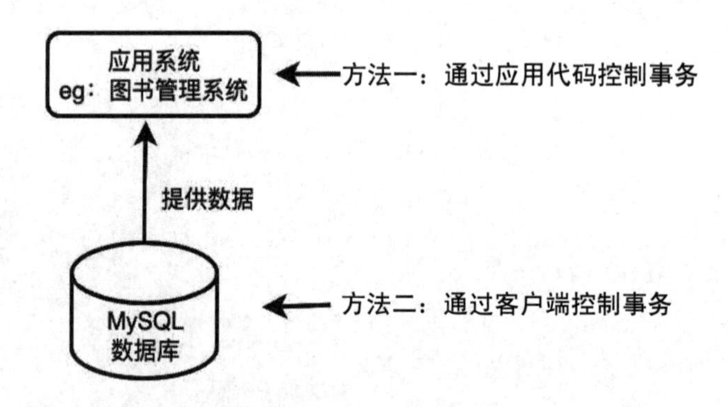

图 7-2 多种方式控制事务

7.3 事务的 4 种隔离级别

隔离性是事务的基本特性之一，它可以防止数据库在并发处理时出现数据不一致的情况。MySQL的隔离级别又可以分为4种级别，分别是读未提交（read uncommitted）、读已提交（read committed）、可重复读（repeatable read）以及串行化（serializable）：

- 读未提交：表示可以读取事务中还未提交的被更改的数据。这种情况下可能会产生脏读、不可重复读、幻读等情况。
- 读已提交：只能读取事务中已经提交的被更改的数据。可以避免脏读的产生。
- 可重复读：保证一个事务在相同查询条件下两次查询得到的数据结果是一致的，可以避免不可重复读和脏读，但无法避免幻读。这也是MySQL默认的隔离级别。
- 串行化：将事务进行串行化，也就是在一个队列中按照顺序执行。串行化是最高级别的隔离等级，可以解决事务读取中所有可能出现的异常情况，但是它牺牲了系统的并发性。

不同的事务隔离级别导致的问题，如图7-3所示。

MySQL提供了set transaction语句，该语句可以改变单个会话或全局的事务隔离级别，语法格式如下：

```
-- 修改事务隔离级别的语法
set [global | session] isolation level {
  repeatable read | read committed | read uncommitted  | serializable
}
```

	脏读	不可重复读	幻读
读未提交（READ UNCOMMITTED）	✓	✓	✓
读已提交（READ COMMITTED）	×	✓	✓
可重复读（REPEATABLE READ）	×	×	✓
可串行化（SERIALIZABLE）	×	×	×

图 7-3　不同的事务隔离级别导致的问题

示例如下：

```
-- 修改事务的隔离级别为读未提交（read uncommitted）
mysql> set global  transaction isolation level read uncommitted;
Query OK, 0 rows affected (0.00 sec)
```


session和global关键字用来指定修改的事务隔离级别的范围：

- session：表示修改的事务隔离级别将应用于当前session（当前cmd窗口）内的所有事务。
- global：表示修改的事务隔离级别将应用于所有session（全局）中的所有事务，且当前已经存在的session不受影响。
- 如果省略session和global，则表示修改的事务隔离级别将应用于当前session内的下一个还未开始的事务。

概念还是很抽象，下面我们通过修改MySQL的隔离级别来学习不同的隔离级别下，数据是如何变化的。首先准备测试表和数据，具体如下：

```
-- 创建数据库表tran_test，只有一个name字段，且name字段为主键
create table tran_test(name varchar(255), primary key (name)) engine=innodb;
-- 插入数据
insert into tran_test(name) values ('张三');
-- 查询MySQL默认的隔离级别
mysql> show variables like 'transaction_isolation';
+-----------------------+-----------------+
| Variable_name         | Value           |
+-----------------------+-----------------+
| transaction_isolation | REPEATABLE-READ |
+-----------------------+-----------------+
1 row in set (0.00 sec)
```

（1）将隔离级别设置为全局的读未提交：

```
-- 隔离级别修改完成后，最好重新打开新的命令行窗口
mysql> set global  transaction isolation level read uncommitted;
Query OK, 0 rows affected (0.00 sec)
-- 查询隔离级别的修改是否成功
mysql> show variables like 'transaction_isolation';
+-----------------------+------------------+
| Variable_name         | Value            |
+-----------------------+------------------+
| transaction_isolation | READ-UNCOMMITTED |
+-----------------------+------------------+
1 row in set (0.00 sec)
```

开启两个事务，事务A和事务B，分别执行如图7-4所示的SQL语句。

时间＼事务	事务A	事务B
8:00	A启动事务： begin;	B启动事务 begin;
8:01		查询name值： select name from tran_test; 查询结果：张三
8:02	查询name值： select name from tran_test; 查询结果：张三	
8:03	更新name值： update tran_test set name = '李四' where 1 =1;	
8:04		查询name值： select name from tran_test; 查询结果：李四
8:05	A提交事务： commit;	
8:06		查询name值： select name from tran_test; 查询结果：李四
8:07		B提交事务 commit;
8:08		查询name值： select name from tran_test; 查询结果：李四

图 7-4　隔离级别——读未提交

上述示例中，设置隔离级别为读未提交，当事务A还未提交时，事务B在8:04可以查询到事务A对数据的修改，正好验证了读未提交这种隔离级别下，可以读取事务中还未提交的被更改的数据，这种现象我们称为“脏读”。

（2）将隔离级别设置为全局的读已提交：

```
-- 隔离级别修改完成后，最好重新打开新的命令行窗口
mysql> set global  transaction isolation level read committed;
Query OK, 0 rows affected (0.00 sec)
-- 查询隔离级别，看是否修改成功
mysql> show variables like 'transaction_isolation';
+-----------------------+------------------+
| Variable_name         | Value            |
+-----------------------+------------------+
| transaction_isolation |  READ-COMMITTED  |
+-----------------------+------------------+
1 row in set (0.00 sec)
```

开启两个事务，事务A和事务B，分别执行如图7-5所示的SQL语句。

时间 \ 事务	事务A	事务B
8:00	A启动事务： begin;	B启动事务 begin;
8:01		查询name值： select name from tran_test; **查询结果：张三**
8:02	查询name值： select name from tran_test; **查询结果：张三**	
8:03	更新name值： update tran_test set name = '李四' where 1 =1;	
8:04		查询name值： select name from tran_test; **查询结果：张三**
8:05	A提交事务： commit;	
8:06		查询name值： select name from tran_test; **查询结果：李四**
8:07		B提交事务 commit;
8:08		查询name值： select name from tran_test; **查询结果：李四**

图 7-5　隔离级别——读已提交

上述示例中，设置隔离级别为读已提交，事务B只能读取事务A中已经提交的被更改的数据，比如8:04只能查询到“张三”的记录，8:06才能查询到“李四”的记录，读已提交可以避

免脏读的产生，但是会出现不可重复读的问题。我们把目光聚焦在事务B，事务B在整个事务中，8:01、8:04与8:06的查询结果居然不一样，这种现象就是不可重复读（可重复读：保证一个事务在相同查询条件下两次查询得到的数据结果是一致的）。

（3）如果想解决不可重复读的问题，需要将隔离级别设置为可重复读：

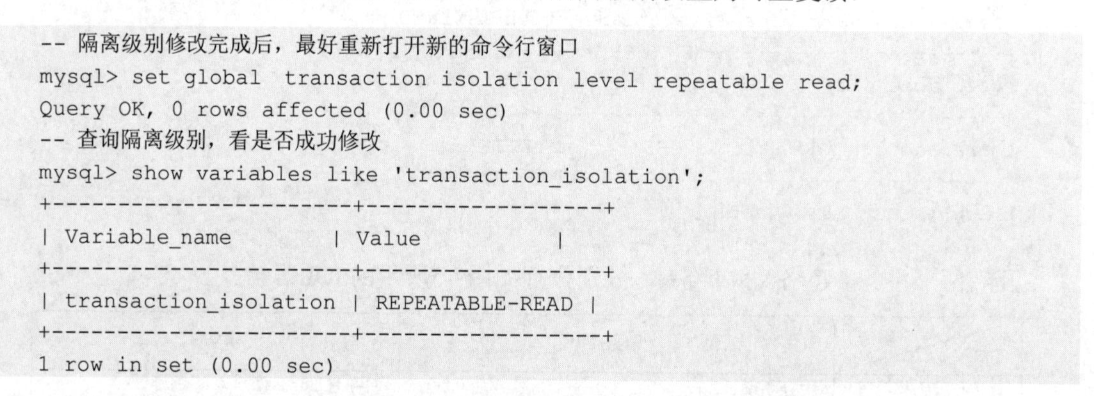

```
-- 隔离级别修改完成后，最好重新打开新的命令行窗口
mysql> set global  transaction isolation level repeatable read;
Query OK, 0 rows affected (0.00 sec)
-- 查询隔离级别，看是否成功修改
mysql> show variables like 'transaction_isolation';
+-----------------------+-----------------+
| Variable_name         | Value           |
+-----------------------+-----------------+
| transaction_isolation | REPEATABLE-READ |
+-----------------------+-----------------+
1 row in set (0.00 sec)
```

开启两个事务，事务A和事务B，分别执行如图7-6所示的SQL语句。

时间 \ 事务	事务A	事务B
8:00	A启动事务： begin;	B启动事务 begin;
8:01		查询name值： select name from tran_test; 查询结果：张三
8:02	查询name值： select name from tran_test; 查询结果：张三	
8:03	更新name值： update tran_test set name = '李四' where 1 =1;	
8:04		查询name值： select name from tran_test; 查询结果：张三
8:05	A提交事务： commit;	
8:06		查询name值： select name from tran_test; 查询结果：张三
8:07		B提交事务 commit;
8:08		查询name值： select name from tran_test; 查询结果：李四

图 7-6　隔离级别——可重复读

上述示例中，设置隔离级别为可重复读，因此，事务B中的所有查询结果都是“张三”，只有等事务B提交后，才能查询到事务A对数据的修改，满足可重复读的概念。可重复读可以避免不可重复读和脏读等问题，但无法避免幻读。

所谓幻读，就是事务A根据条件查询得到了N条数据，但此时事务B增加了M条符合事务A查询条件的数据，这样当事务A再次进行查询的时候发现会有N + M条数据，于是产生了幻读。在事务的过程中读取符合某个查询条件的数据时，第一次读没有读到某个记录，而第二次读竟然读到了这个记录，像发生了幻觉一样，这也是它被称为幻读的原因。幻读仅专指新插入的行，重点在于insert，不可重复读重点在于update。

在MySQL默认的隔离级别下（可重复读），执行如图7-7所示的SQL语句。

时间 \ 事务	事务A	事务B
8:00		B启动事务 begin;
8:01		查询name值： select id, name from tran_v2 where name = '张三'; 查询结果： +----+--------+ | id | name | +----+--------+ | 1 | 张三 | +----+--------+
8:02	A启动事务： begin;	
8:03	插入新数据： insert into tran_v2(id, name) values(2, '张三');	
8:04	A提交事务： commit;	
8:05		查询name值： select name from tran_v2 where name= '张三' for update; 查询结果： +----+--------+ | id | name | +----+--------+ | 1 | 张三 | | 2 | 张三 | +----+--------+
8:06		B提交事务 commit;

图 7-7　隔离级别——可重复读

上述示例中，事务B在8:01和8:05执行相同的查询条件，得到的结果不一致。在事务A插入数据并提交事务后，事务B在第二次执行当前读（加了for update）的时候，读到了事务A最新插入的数据。在快照读的情况下，可重复读隔离级别解决了幻读的问题；在当前读的情况下，可重复读隔离级别没有解决幻读的问题。

快照读和当前读的区别如下：

- 快照读：读取数据的历史版本，不对数据加锁，例如select查询语句。

```
--快照读
select * from animal where id < 7
```

- 当前读：读取数据的最新版本，并对数据进行加锁，例如insert、update、delete、select for update、select lock in share mode。

```
--当前读
select * from student where id < 10 for update
```

（4）想解决幻读，可以设置隔离级别为串行化：

```
-- 隔离级别修改完成后，最好重新打开新的命令行窗口
mysql> set global  transaction isolation level serializable;
query ok, 0 rows affected (0.00 sec)
-- 查询隔离级别，看是否成功修改
mysql> show variables like 'transaction_isolation';
+-----------------------+------------------+
| Variable_name         | Value            |
+-----------------------+------------------+
| transaction_isolation | SERIALIZABLE |
+-----------------------+------------------+
1 row in set (0.00 sec)
```

重新执行图7-7中的SQL语句，会发现事务A在8:03时无法插入数据。如果事务A和事务B都只是简单的查询操作，则是可以操作的，读者可以自己实践操作一下。串行化隔离级别可以解决脏读、不可重复读和幻读，但是性能最差。在实际工作中，需要根据具体的业务，在性能和数据正确性之间进行取舍，选择设置合理的隔离级别。

第 8 章

MySQL视图和存储过程

本章主要介绍MySQL的视图和存储过程这两部分内容，其中视图包括视图概述，视图的增、删、改、查，视图的应用场景和优缺点；存储过程包括存储过程的增、删、改、查，存储过程与流程控制语句，存储过程的应用场景与优缺点。

8.1 视图

工作中，我们经常要写很多SQL查询语句，有些SQL非常长，动不动就几十行甚至几百行，对此，我们可以把查询语句存储在数据库中，作为一张虚拟表，下次需要时直接对表里面的数据进行过滤查询，而不是从头开始研发SQL语句，这种虚拟表技术就是视图。本节主要介绍视图的相关内容。

8.1.1 视图的使用场景

视图本质上不存储任何数据，所有数据都是从其他表中查出来的。视图在数据部门的使用频率比较高，因为数据部门往往需要统计很多数据，最终计算出一些核心的指标（成交额GMV、订单数量、客单价等），具体如图8-1所示。

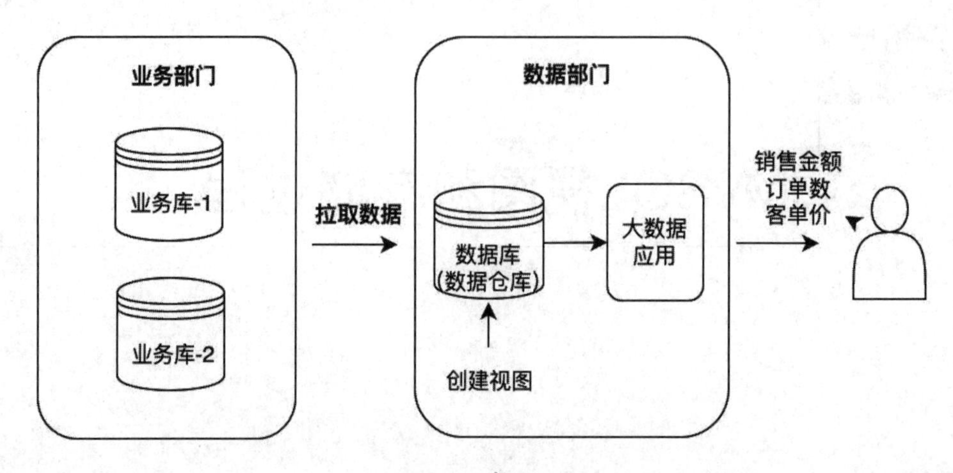

图 8-1　MySQL 视图的使用场景

图8-1中，数据部门从业务部门拉取数据到数据仓库（可以简单理解为一个可以存储很多数据的数据库），在数据仓库中会基于拉取过来的表数据并根据业务需求（比如计算销售金额），开发对应的SQL语句，将SQL封装为视图，供其他模块或者大数据应用使用。最终，企业领导或者其他部门可以从大数据应用中获取自己所需的数据。

8.1.2　视图的增、删、改、查

创建视图的语法结构如下：

```
create
    [or replace]
    view view_name [(column_list)]
    as select_statement
    [with [cascaded | local] check option]
```

示例：

```
-- 创建销售表，有销售数量字段qty，销售价格字段price
mysql> create table sale (qty INT, price INT);
--  销售表插入数据
mysql> insert into sale values(3, 50), (5, 60);
-- 创建视图，视图名称为sale_view
mysql> create view sale_view as select qty, price, qty*price as value from sale;
-- 查询视图
mysql> select * from sale_view;
+------+-------+-------+
| qty  | price | value |
+------+-------+-------+
```

```
|    3 |    50 |    150 |
|    5 |    60 |    300 |
+------+------+-------+
-- 查询视图，过滤条件qty = 5
mysql> select * from sale_view where qty = 5;
+------+------+-------+
| qty  | price | value |
+------+------+-------+
|    5 |    60 |    300 |
+------+------+-------+
```

由上述SQL可知，我们把select语句“select qty, price, qty*price as value from sale”作为视图，哪天想用了或者领导想看数据了，直接使用查询语句select * from sale_view查询视图即可，方便又省事。笔者认为这是视图最大的用处之一了。当然，上述select语句太简单，真正工作中的select语句可能有几百行甚至上千行。

以下我们通过示例来介绍视图的具体语法。

修改视图的语法结构如下：

```
alter view 视图名as 查询语句;
```

查看视图的语法结构如下：

```
-- 查看视图的结构
describe 视图名;
-- 例如
-- 查看视图定义语句
show create view sale_view;
```

示例：

```
mysql> show create view sale_view\G;
*************************** 1. row ***************************
                View: sale_view
         Create View: CREATE ALGORITHM=UNDEFINED DEFINER=`root`@`localhost` SQL
SECURITY DEFINER VIEW `sale_view` AS select `sale`.`qty` AS `qty`,`sale`.`price` AS
`price`,(`sale`.`qty` * `sale`.`price`) AS `value` from `sale`
character_set_client: utf8mb4
collation_connection: utf8mb4_0900_ai_ci
1 row in set (0.00 sec)
```

删除视图要使用drop关键字，具体方法如下：

```
drop view 视图名;
```

```
-- 例如
mysql> DROP VIEW sale_view;
```

视图本身是一张虚拟表，因此，对视图中的数据进行插入、修改和删除操作，实际都是通过对实际数据表的操作来实现的。但是，不建议对视图的数据进行更新操作，因为通过对视图结果集的更新来更新实际数据表会受到很多限制，工作中很少这样使用，这里也就不浪费时间来讲述了。

8.1.3 使用视图的注意事项

工作中，使用视图把经常会用到的查询或者复杂查询存储到数据库中，方便自己或者其他人复用，以提高工作效率。这相当于封装一个通用方法供其他模块调用。视图就相当于把查询模块化。视图存储的是查询语句，本身不存储数据，不占用存储资源。

但是，视图也有很多缺点，比如视图会增加维护成本；开发过程中经常要对数据表结构做改动，但又很容易忘记修改对应的视图创建语句，导致系统出现异常，具体如图8-2所示。业务部门修改了xxx表结构（比如修改表字段名称或者删除字段），但没有通知数据部门修改对应的视图创建语句，导致视图出现异常，进而导致电商指标（比如销售金额）计算出现异常。

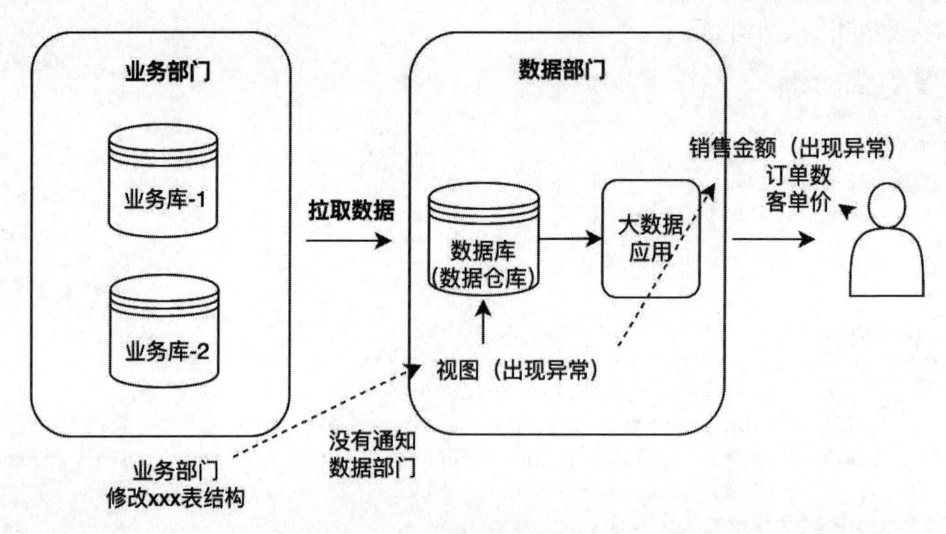

图 8-2 视图常见异常的情况

视图还能嵌套视图，就是在视图的基础上再创建视图，但是不建议这样使用，因为可读性不好，逻辑变得更加复杂，容易变成系统的潜在隐患。只有正确了解视图的优缺点，才能在工作中根据实际业务情况决定是否使用视图。

8.2 存储过程

存储过程的英文是Stored Procedure，与视图类似，本质上也是对SQL查询的封装。存储过程和视图有着同样的优点，即清晰、安全，还可以减少网络传输量。不过它和视图不同的是，视图是虚拟表，通常不能直接操作底层数据表，而存储过程是程序化的SQL，可以直接操作底层数据表，能够实现一些更复杂的数据处理。

存储过程主要是由SQL语句和流程控制语句构成，可以接收输入参数，也可以返回输出参数给调用者。

8.2.1 存储过程的增、删、改、查

假如有如下的城市表city：

```
create table city
(
   city_id     int unsigned not null comment '城市id' primary key,
   city_name   varchar(50)  null comment '城市名称',
   zip_code    varchar(50)  null comment '邮政编码',
   province_id int unsigned null comment '省份id'
) comment '城市表';
```

提示　初始化SQL见“附录A　MySQL数据”，在其中找到中国省市区数据。

存储过程的创建语法如下：

```
create procedure 存储过程名 ([ in | out | inout] 参数名称 类型)程序体
```

示例：

```
-- 将SQL 语句的分隔符改为“//”
mysql> delimiter //
-- 创建存储过程
mysql> create procedure city_count (in provinceid int, out citycount int)
    -> begin
    ->  select count(*) into citycount from city where province_id = provinceid;
    -> end//
Query OK, 0 rows affected (0.00 sec)
```

```
-- 将SQL 语句的分隔符还原为“;”
mysql> delimiter ;
```

存储过程创建的步骤如下：

01 将 SQL 语句的分隔符改为“//”，原因是存储过程中包含很多 SQL 语句，如果不修改分隔符的话，MySQL 会在读到第一个 SQL 语句的分隔符“;”的时候，认为语句已经结束，这样就会导致错误。

02 使用 create procedure 创建存储过程，名称是 city_count。如果存储过程需要外部传递的参数参与存储过程程序体内部逻辑的计算，可以使用 in 关键字定义参数，参数有 3 种，分别是 in、out 和 inout：

- in: 用于定义存储过程的输入参数，存储过程只是读取这个参数的值。如果没有定义参数种类，则默认就是 in 类型参数。
- out: 用于定义存储过程的输出参数，存储过程在执行的过程中，把某个计算结果值赋给这个参数，执行完成之后，调用这个存储过程的客户端或者应用程序就可以读取这个参数返回的值了。
- inout: 表示这个参数既可以作为输入参数，又可以作为输出参数使用。

除了定义存储过程的参数种类外，还需要定义存储过程的参数类型，例如示例中的 in provinceid int 表示定义 provinceid 参数为 int 类型。

03 用 begin 和 end 关键字把存储过程中的 SQL 语句包裹起来，形成存储过程的程序体。关键字 begin 表示 SQL 语句的开始，关键字 end 表示 SQL 语句的结束。通过 into 关键字，将 count(*)结果保存到输出参数 citycount 中。

04 最后，将 SQL 语句的分隔符还原为“;”。

存储过程定义完成后，接下来调用存储过程：

```
-- 调用存储过程
mysql> call city_count(2, @cityCount);
Query OK, 1 row affected (0.02 sec)
-- 查询@cityCount值
mysql> select @cityCount;
+------------+
| @cityCount |
+------------+
|          1 |
+------------+
1 row in set (0.00 sec)
```

```
-- 调用存储过程
mysql> call city_count(15, @cityCount);
query ok, 1 row affected (0.00 sec)
-- 查询@citycount值
mysql> select @cityCount;
+------------+
| @cityCount |
+------------+
|         17 |
+------------+
1 row in set (0.00 sec)
```

上述SQL中，通过使用“call关键字 + 存储过程名称”来调用存储过程，输出的结果保存到@cityCount变量中。

修改存储过程有以下两种方式：

- 先删除存储过程，再重新创建存储过程。
- 使用MySQL客户端（例如DataGrip或者Workbench）修改存储过程。

删除存储过程的语法如下：

```
-- 删除存储过程的语法
drop procedure 存储过程名称;
--例如:
drop procedure  city_count
```

如果需要调试存储过程，则可借助客户端进行调试。先在客户端中添加断点，再单击“运行存储过程”按钮进行调试，类似于调试程序，具体如图8-3所示。

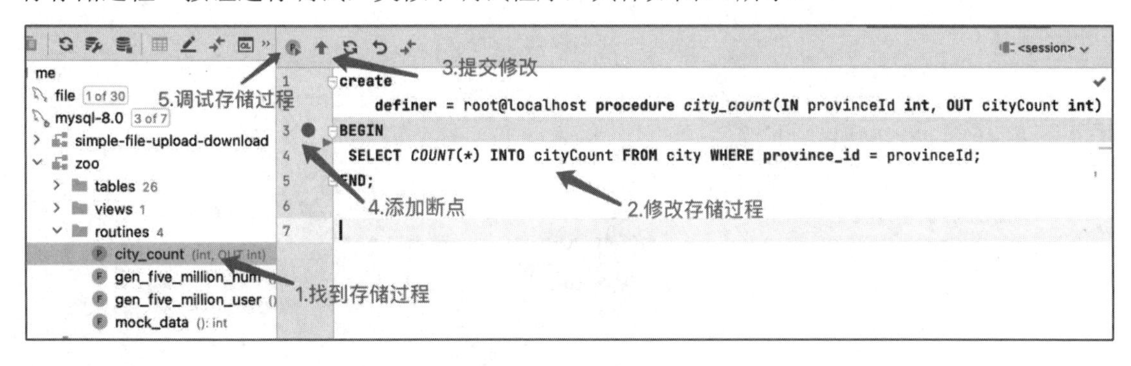

图 8-3　MySQL 客户端 DataGrip 修改和调试存储过程

8.2.2 存储过程与流程控制语句搭配使用

工作中，存储过程经常和流程控制语句搭配使用，流程控制语句有if、case、iterate、leave loop、while以及repeat等。

1. 存储过程与while流程控制语句搭配使用

示例如下：

```
delimiter //
create procedure `add_num`(in n int)
begin
   -- 声明变量 i 和 sum
declare i int;
   declare sum int;
   -- 初始化 i 和 sum的值
set i = 1;
   set sum = 0;
   -- while流程控制语句，进行1+2+3+...+n求和计算
while i <= n
       do
           set sum = sum + i; set i = i + 1;
       end while;
   select sum;
end
delimiter ;
```

2. 存储过程与if流程控制语句搭配使用

示例如下：

```
delimiter //
create function simplecompare(n int, m int)
  returns varchar(20)

  begin
   declare s varchar(20);

   if n > m then set s = '>';
   elseif n = m then set s = '=';
   else set s = '<';
   end if;

   set s = concat(n, ' ', s, ' ', m);

   return s;
```

```
  end //
delimiter ;
```

授人以鱼不如授人以渔，更多存储过程与流程控制语句结合使用的内容，读者可参考官方文档（https://dev.mysql.com/doc/refman/8.0/en/flow-control-statements.html）。

8.2.3　应用场景与优缺点

【强制】禁止使用存储过程，存储过程难以调试和扩展，更没有移植性。

——来自《阿里巴巴Java开发规范》

读者一定很困惑，既然大公司明确禁止使用存储过程，那我们学习存储过程还有什么意义呢？举一个现实生活中的例子，很多大城市明确禁止骑不达标的电动三轮车，但是不能说这样的电动三轮车就没有用，在一些农村地区，电动三轮车还是人们出行的主要交通工具。这里的电动三轮车，读者可以把它们比作存储过程。

存储过程可以将SQL进行模块封装，供其他的模块调用，减少开发工作量。存储过程在使用时可以设置用户的使用权限，安全性强。存储过程还可以减少网络传输量，因为代码逻辑被封装到存储过程中，只需调用存储过程即可。

虽然存储过程有很多优点，但是也有不少缺点。存储过程可移植性差，比如在MySQL中编写的存储过程，换成其他的数据库则需要重新编写。存储过程调试也比较麻烦，没有程序代码调试方便，维护成本也高，某些表结构的修改、更新或删除都可能导致存储过程失效。存储过程也不适合高并发场景，高并发场景需要减少数据库的压力，有时数据库会采用分库分表的方式，在这种情况下，存储过程会变得难以维护，增加了数据库的压力，显然就不适用了，这也是很多互联网公司明文禁止存储过程的原因之一。

总之，应用场景与优缺点，需要读者根据具体的业务场景选择是否使用。

第 9 章

用户权限管理及数据备份与恢复

本章主要介绍MySQL用户管理、角色管理、权限管理及授权、数据备份、数据恢复等内容。

9.1 用户权限管理

MySQL是一个强大的数据库管理系统，它支持多用户访问和权限管理。在实际应用中，为了保证数据库的安全性和完整性，需要对不同用户设置不同的权限。本节将介绍MySQL 8中的权限管理功能，包括用户管理、权限管理和角色管理等内容。

9.1.1 用户管理

MySQL中的用户管理涉及用户的创建、修改、删除等操作。用户是指可以访问MySQL数据库的账户，每个用户都有一个用户名和密码。

创建用户的语法结构如下：

```
--[]表示可选
create user 用户名 [identified bY 密码];
```

示例：

```
-- 创建用户ay，密码为123456
mysql> create user ay identified by '123456';
query ok, 0 rows affected (0.01 sec)
-- 创建用户ay01，密码为123456 ，只能从数据库服务器运行的这台计算机登录这个账号
mysql> create user 'ay01'@'localhost' identified by '123456';
query ok, 0 rows affected (0.01 sec)
-- 创建用户al，密码为无
mysql> create user  al;
Query OK, 0 rows affected (0.00 sec)
```

说明：

- 用户名的格式为 'username'@'hostname'，其中username是用户名，hostname为主机名，即用户连接MySQL时所在主机的名字。若在创建的过程中只给出了账户的用户名，而没指定主机名，则主机名默认为“%”，表示一组主机。“localhost”表示只能从数据库服务器运行的这台计算机登录这个账号。
- identified by子句用于指定用户账号对应的口令，若该用户账号无口令，则可省略此子句。

查询用户的语法结构如下：

```
-- 查询用户
mysql> select user from mysql.user;
+------------------+
| user             |
+------------------+
| ay               |
| dev_ay           |
| mysql.infoschema |
| mysql.session    |
| mysql.sys        |
| root             |
+------------------+
6 rows in set (0.00 sec)

mysql> select current_user();
+----------------+
| current_user() |
+----------------+
| root@localhost |
+----------------+
1 row in set (0.00 sec)
```

注意 要执行该SQL，需要使用管理员的身份进行登录。

修改用户的语法结构如下：

```
-- 修改用户名密码
mysql> alter user 用户名 identified by 密码;
-- 用户重命名
mysql> rename user 旧用户名 to 新用户名;
```

示例：

```
-- 将用户'ay'的密码修改为'123456789'
mysql> alter user 'ay'@'%' identified by '123456789';

-- 将用户'ay'重命名为'ay1'
mysql> rename user 'ay'@'%' to 'ay1'@'%';

-- 锁定用户
mysql> alter user 'ay'@'%' account lock;
-- 解锁用户
mysql> alter user 'ay'@'%' account UNLOCK;
```

删除用户的语法结构如下：

```
-- 删除用户
mysql> drop user 用户名;
```

示例：

```
mysql> drop user al;
Query OK, 0 rows affected (0.01 sec)
```

9.1.2 角色管理

MySQL 8中引入了角色管理功能，可以更方便地管理用户权限。角色是一组权限的集合，可以将多个权限赋予一个角色，然后将该角色赋予多个用户。这样可以简化权限管理，提高系统的安全性和可维护性。

创建角色的语法结构如下：

```
-- 创建角色
create role [if not exists] 角色名 [, 角色名 ] ...
```

示例：

```
-- 创建角色，角色名称为'developer'
mysql> create role 'developer'
query ok, 0 rows affected (0.00 sec)
-- 创建角色，角色名称为'developer',只允许本机访问
mysql> create role 'developer'@'localhost';
Query OK, 0 rows affected (0.00 sec)
```

localhost表示只能从数据库服务器运行的这台计算机登录这个账号。创建角色后，默认是没有任何权限的，需要给角色授权。

删除角色的语法结构如下：

```
-- 删除角色，[]表示可选
drop role [if exists] 角色名 [, 角色名 ] ...
```

示例：

```
-- 删除角色名称'developer'
mysql> drop role 'developer'@'localhost';
Query OK, 0 rows affected (0.00 sec)
```


9.1.3　权限管理及授权

1. MySQL权限级别

MySQL权限是分级别的，可以授予的权限有全局权限、数据库级别权限、表级别权限、列级别权限、存储过程/函数级别权限。

1）全局权限

全局权限是管理权限，应用于给定服务器上的所有数据库。要分配全局权限，需使用on *.*语法：

```
-- 全局权限
mysql> grant all on *.* to 'someuser'@'somehost';
-- 全局权限
mysql> grant select, insert on *.* to 'someuser'@'somehost';
```

提示　MySQL在mysql.user系统表中存储全局权限。

2）数据库级别权限

数据库级别权限适用于给定数据库中的所有对象。要分配数据库级别权限，需使用on db_name.*语法：

```
-- 数据库级别权限
mysql> grant all on mydb.* to 'someuser'@'somehost';
-- 数据库级别权限
mysql> grant select, insert on mydb.* to 'someuser'@'somehost';
```

提示 MySQL将数据库级别权限存储在mysql.db系统表中。

3）表级别权限

表级别权限适用于给定表中的所有列。要分配表级别权限，需使用on db_name.tbl_name语法：

```
-- 表级别权限
mysql> grant all on mydb.mytbl to 'someuser'@'somehost';
-- 表级别权限
mysql> grant select, insert on mydb.mytbl to 'someuser'@'somehost';
```

提示 MySQL将表级别权限存储在mysql.tables_priv系统表中。

4）列级别权限

列级别权限适用于给定表中的单个或者多个列。在列级别授予的每个权限后跟一列或多列，并用括号括起来：

```
-- 列级别权限
mysql> grant select (col1), insert (col1, col2) on mydb.mytbl TO
'someuser'@'somehost';
```

提示 MySQL在mysql.columns_priv系统表中存储列级别权限。

5）存储过程/函数级别权限

该权限是针对存储过程和函数的权限，在工作中的使用频率较低，简单了解一下即可。

2. 将角色授权给用户

将角色授权给用户的语法如下：

```
mysql> grant role_name to 'username'@'host';
```

其中，role_name为需要授权的角色名，username和host分别为需要授权的用户名和主机名。例如，将testrole授权给testuser用户，可以使用以下语句：

```
-- 将testrole授权给testuser用户
mysql> grant testrole to 'testuser'@'localhost';
```

3. 撤销角色授权

撤销角色授权的语法如下：

```
mysql> revoke role_name from 'username'@'host';
```

其中，role_name为需要撤销的角色名，username和host分别为需要撤销授权的用户名和主机名。例如，将testuser的testrole角色授权撤销，可以使用以下语句：

```
-- 将testuser的testrole角色授权撤销
mysql> revoke testrole from 'testuser'@'localhost';
```


9.2　数据备份

因为应用程序会不断产生数据，而数据是不能丢失的，所以需要对数据进行备份，以在数据丢失时及时恢复，避免不必要的损失。如果你是一名企业的研发人员，平时可能接触数据备份的需求不多，因此简单了解基础的数据备份即可；如果你是一名企业的DBA（Database Administrator，数据库管理员），数据备份就是必备的技能之一，需要深入了解不同的数据备份和恢复策略、工具以及技巧。

9.2.1　mysqldump概述

mysqldump是MySQL提供的备份工具，通过生成一组SQL语句来重现原始数据库对象定义和表数据，它转储一个或多个MySQL数据库以进行备份或传输到另一个SQL服务器。mysqldump命令还可以生成CSV文件、其他分隔文本或XML格式的文件。

使用mysqldump --help命令可以查看该工具的详细使用说明：

```
> mysqldump --help
mysqldump  Ver 8.0.17 for osx10.14 on x86_64 (Homebrew)
```

```
Copyright (c) 2000, 2019, Oracle and/or its affiliates. All rights reserved.

Oracle is a registered trademark of Oracle Corporation and/or its
affiliates. Other names may be trademarks of their respective
owners.
-- mysqldump 备份语法
Dumping structure and contents of MySQL databases and tables.
Usage: mysqldump [OPTIONS] database [tables]
OR     mysqldump [OPTIONS] --databases [OPTIONS] DB1 [DB2 DB3...]
OR     mysqldump [OPTIONS] --all-databases [OPTIONS]
```

9.2.2 mysqldump数据备份

MySQL的数据备份有以下两种：

- 物理备份：通过把数据文件复制出来，达到备份的目的。
- 逻辑备份：通过把描述数据库结构和内容的信息保存起来，达到备份的目的。

逻辑备份这种方式是免费的，在工作中被广泛地使用，而物理备份的方式需要收费，在工作中用得比较少。

mysqldump根据数据备份的范围，可分为3种模式：

- 备份数据库中的表。
- 备份数据库。
- 备份数据库服务器。

接下来介绍这3种备份的具体操作。

1. 备份数据库中的表

mysqldump备份数据库中的表的语法如下：

```
mysqldump -h 服务器 -u 用户 -p 密码 数据库名称 [表名称 … ] > 备份文件名称
```

说明：

- “-h”后跟着服务器名称，如果省略，则默认是本机“localhost”。
- “-u”后面跟的是用户名。
- “-p”后面跟的是密码，如果省略，则在执行的时候系统会提示录入密码。

示例：

```
-- 导出zoo数据库的animal表
> mysqldump -u root -p  zoo animal > back-zoo-single-table.sql
Enter password:******

-- 导出zoo数据库的animal和 animal_1表
> mysqldump -u root -p  zoo animal animal_1 > back-zoo-multi-table.sql
Enter password:******
```

通过上述命令，就可以备份zoo数据库中animal表的所有数据。

生成的备份文件默认存储在命令行执行时所在的目录下。打开备份文件，具体内容如下：

```
-- MySQL dump 10.13  Distrib 8.0.17, for osx10.14 (x86_64)
--
-- Host: localhost    Database: zoo
-- ------------------------------------------------------
-- Server version    8.0.29

/*!40101 SET @OLD_CHARACTER_SET_CLIENT=@@CHARACTER_SET_CLIENT */;
/*!40101 SET @OLD_CHARACTER_SET_RESULTS=@@CHARACTER_SET_RESULTS */;
/*!40101 SET @OLD_COLLATION_CONNECTION=@@COLLATION_CONNECTION */;
/*!50503 SET NAMES utf8mb4 */;
/*!40103 SET @OLD_TIME_ZONE=@@TIME_ZONE */;
/*!40103 SET TIME_ZONE='+00:00' */;
/*!40014 SET @OLD_UNIQUE_CHECKS=@@UNIQUE_CHECKS, UNIQUE_CHECKS=0 */;
/*!40014 SET @OLD_FOREIGN_KEY_CHECKS=@@FOREIGN_KEY_CHECKS, FOREIGN_KEY_CHECKS=0
*/;
/*!40101 SET @OLD_SQL_MODE=@@SQL_MODE, SQL_MODE='NO_AUTO_VALUE_ON_ZERO' */;
/*!40111 SET @OLD_SQL_NOTES=@@SQL_NOTES, SQL_NOTES=0 */;

--
-- Table structure for table `animal`
--

DROP TABLE IF EXISTS `animal`;
/*!40101 SET @saved_cs_client     = @@character_set_client */;
/*!50503 SET character_set_client = utf8mb4 */;
CREATE TABLE `animal` (
  `id` int NOT NULL COMMENT '主键',
  `name` varchar(50) NOT NULL COMMENT '动物名称',
  `en_name` varchar(255) DEFAULT NULL COMMENT '英文名',
  `age` smallint unsigned NOT NULL COMMENT '年龄',
  `description` text COMMENT '详细介绍',
```

```
  `create_time` datetime NOT NULL COMMENT '创建时间',
  `update_time` datetime NOT NULL COMMENT '更新时间',
  `is_delete` tinyint NOT NULL COMMENT '是否删除，1 表示已删除，0 表示未删除',
  PRIMARY KEY (`id`)
) ENGINE=InnoDB DEFAULT CHARSET=utf8mb4 COLLATE=utf8mb4_0900_ai_ci;
/*!40101 SET character_set_client = @saved_cs_client */;

--
-- Dumping data for table `animal`
--

LOCK TABLES `animal` WRITE;
/*!40000 ALTER TABLE `animal` DISABLE KEYS */;
INSERT INTO `animal` VALUES (1,'东北虎',NULL,3,'东北虎：是猫科、豹属动物。是虎的亚种之一。','2022-12-01 00:00:00','2022-12-01 00:00:00',0),(2,'熊猫',NULL,1,'NULL','2022-12-01 00:00:00','2022-12-01 00:00:00',0),(3,'猫头鹰',NULL,3,'猫头鹰描述','2022-12-12 00:00:00','2022-12-12 00:00:00',0),(4,'羊',NULL,2,'羊描述','2022-12-12 00:00:00','2022-12-12 00:00:00',0),(5,'孔雀',NULL,3,'孔雀','2022-12-12 00:00:00','2022-12-12 00:00:00',0);
/*!40000 ALTER TABLE `animal` ENABLE KEYS */;
UNLOCK TABLES;
/*!40103 SET TIME_ZONE=@OLD_TIME_ZONE */;

/*!40101 SET SQL_MODE=@OLD_SQL_MODE */;
/*!40014 SET FOREIGN_KEY_CHECKS=@OLD_FOREIGN_KEY_CHECKS */;
/*!40014 SET UNIQUE_CHECKS=@OLD_UNIQUE_CHECKS */;
/*!40101 SET CHARACTER_SET_CLIENT=@OLD_CHARACTER_SET_CLIENT */;
/*!40101 SET CHARACTER_SET_RESULTS=@OLD_CHARACTER_SET_RESULTS */;
/*!40101 SET COLLATION_CONNECTION=@OLD_COLLATION_CONNECTION */;
/*!40111 SET SQL_NOTES=@OLD_SQL_NOTES */;
-- Dump completed on 2023-02-18 12:13:31
```

可以看到，备份文件存储了完整的建表语句和数据插入语句。

2. 备份数据库

mysqldump备份数据库的语法如下：

```
mysqldump -h 服务器 -u 用户 -p 密码 --databases 数据库名称 … > 备份文件名
```

示例：

```
-- 备份zoo数据库，并存储到back-zoo.sql文件中
> mysqldump -u root -p --databases zoo  > back-zoo.sql
Enter password:******
```

```
-- 备份zoo和zoo_v2数据库，并存储到back-zoo.sql文件中
> mysqldump -u root -p --databases zoo zoo_v2 > back-zoo.sql
Enter password:******
```

备份文件里面包含了创建数据库zoo和zoo_v2的SQL语句，以及创建数据库中所有表、插入所有表中原有数据的SQL语句。

3. 备份数据库服务器

mysqldump备份整个数据库服务器的语法如下：

```
mysqldump -h 服务器 -u 用户 -p 密码 --all-databases > 备份文件名
```

示例如下：

```
-- 备份所有数据库，并存储到back-all-databases.sql文件中
> mysqldump -u root -p --all-databases > back-all-databases.sql
Enter password:******
```

上述SQL会备份MySQL数据库服务器的全部内容，包含系统数据库和用户创建的数据库中的库结构信息、表结构信息以及表里的数据。这种备份方式用得相对较少，读者简单了解即可。

9.3　数据恢复

数据恢复的方法主要有两种：

- 使用mysql命令行客户端工具恢复数据。
- 使用source语句恢复数据。

1. 使用mysql命令行恢复数据

```
-- 恢复zoo数据库下animal表中的数据
> mysql -u root -p zoo  < back-zoo-animal.sql
Enter password:******

-- 恢复zoo数据库的数据
> mysql -u root -p  < back-zoo.sql
Enter password:******
```

上述SQL中，如果恢复的是表数据，则需要指定要恢复到哪个数据库中；如果恢复的是数据库或者是整个MySQL数据库服务器的信息，则不需要指定。

提示　mysql是MySQL提供的命令行客户端工具，可以与MySQL服务器进行连接，执行SQL语句。

2. 使用source语句恢复数据

使用source语句恢复数据的语法如下：

```
source 备份文件名 [arguments]
```

示例：

```
-- 使用mysql命令连接MySQL
> mysql -hlocalhost -uroot -p
Enter password:******
-- 使用zoo数据库
mysql> use zoo;
Database changed
-- 使用source命令，指定备份文件的位置，恢复数据
mysql> source /Users/ay/back-zoo-animal.sql
```

source命令除了恢复表数据外，还可以恢复数据库及整个数据库服务器。

第 10 章

数据库设计

本章主要介绍如何设计数据库，内容包括关联关系（一对一、一对多、多对多以及自关联）、E-R实体关系模型、数据表设计三范式、数据库设计流程以及教务管理系统案例等。

10.1 关联关系

关联关系是数据库设计的重要一环，我们时常要根据需求原型分析出各个模型之间的关联关系，根据模型具体的关联关系设计出表以及表之间的关联字段。因此，深入了解关系数据库中常用的关联关系是非常有必要的，属于数据库设计的必备知识。

关联关系常用类型有4种，分别是一对一、一对多、多对多、自关联，接下来我们一一进行介绍。

10.1.1 一对一

一个微信用户只能有一份微信配置，比如配置朋友权限、通用配置（字体大小、聊天背景）等，而每份独特的微信配置也只能属于某一个用户。张三有个人喜好的微信配置，李四也有个人喜好的微信配置，这种关联关系就是一对一的关系，具体如图10-1所示。

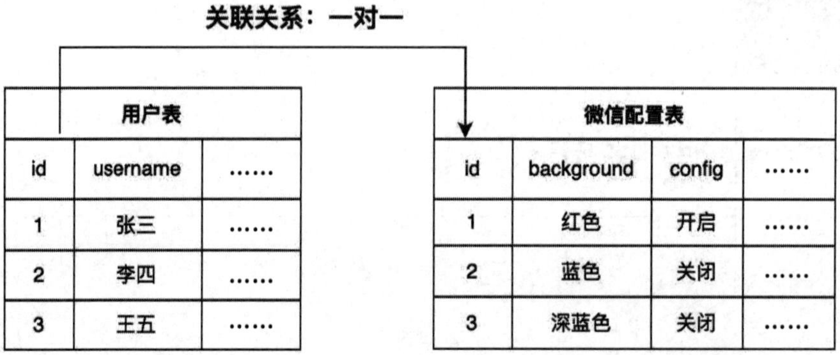

关联关系：一对一

用户表

id	username	……
1	张三	……
2	李四	……
3	王五	……

微信配置表

id	background	config	……
1	红色	开启	……
2	蓝色	关闭	……
3	深蓝色	关闭	……

图 10-1　一对一的关联关系（主键 id）

微信配置表的主键id与用户表的主键id一一对应，通过两张表的主键id建立用户表与微信配置表的关系。一对一关联关系的案例还有很多，比如用户基本信息表和用户详情信息表，之所以要把用户基本信息和用户详情信息拆分成两张表 是因为用户详情表的有些字段存储的信息较大（例如用户简介、用户工作经历、用户教育背景等），如果前端页面只需要知道用户基本信息，就可以只查询用户基本信息，查询的效率比较高，速度响应快。当需要了解用户的详细信息时，才会根据主键id到用户详情表中查询对应的数据。

创建一对一的关联关系，还可以使用关联字段，具体如图10-2所示。通过在微信配置表中创建关联字段user_id来创建一对一的关联关系，user_id的取值来自用户表的主键id。

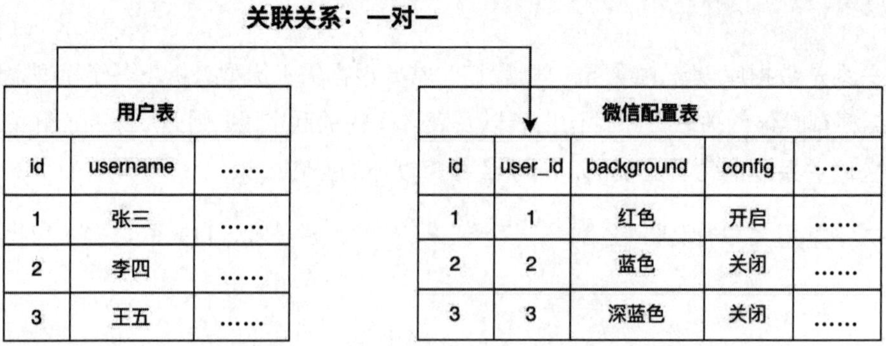

关联关系：一对一

用户表

id	username	……
1	张三	……
2	李四	……
3	王五	……

微信配置表

id	user_id	background	config	……
1	1	红色	开启	……
2	2	蓝色	关闭	……
3	3	深蓝色	关闭	……

图 10-2　一对一的关联关系（关联字段）

两种方案各有利弊，第一种方案使用主键进行关联，可以少创建一个字段，但是有些企业要求主键不能包含业务含义。第二种方案虽然多创建一个字段user_id，但是主键和关联字段分开不耦合。两种方案各有千秋，读者根据企业的数据库规范和业务需求进行合理选择即可。

10.1.2　一对多

微信朋友圈每天都会产生很多微信说说，一个用户可以在朋友圈发表多条说说，而每条说说只属于一个用户，因此，微信用户和微信说说就属于一对多的关联关系。通常会在多的一端添加关联字段，与一的一端主键进行关联，例如微信说说表创建关联字段user_id与用户表的主键id进行关联，如图10-3所示。

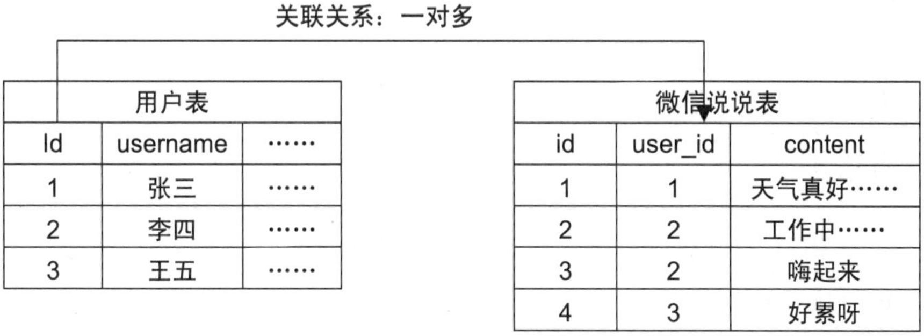

关联关系：一对多

用户表

Id	username	……
1	张三	……
2	李四	……
3	王五	……

微信说说表

id	user_id	content
1	1	天气真好……
2	2	工作中……
3	2	嗨起来
4	3	好累呀

图 10-3　一对多的关联关系

一对多的案例还有很多，例如：

- 一个用户可以发布多篇微博，而每篇微博只能属于一个用户，用户和微博属于一对多的关联关系。
- 一篇文章可以有多个评论，而每个评论只能属于一篇文章，文章和评论属于一对多的关联关系。

10.1.3　多对多

每个微信用户可以关注多个公众号，每个公众号也可以被多个微信用户关注，这种关联关系被称为多对多的关系。

多对多的关联关系需要额外创建一张中间表（关联表）来进行维护，在关联表中定义两个关联字段（user_id和public_id），分别与两张数据表的主键进行关联，具体如图10-4所示。

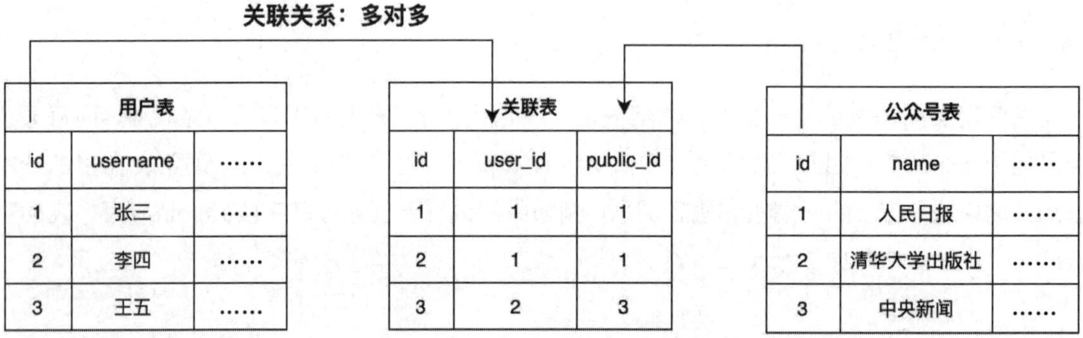

关联关系：多对多

用户表

id	username	……
1	张三	……
2	李四	……
3	王五	……

关联表

id	user_id	public_id
1	1	1
2	1	1
3	2	3

公众号表

id	name	……
1	人民日报	……
2	清华大学出版社	……
3	中央新闻	……

图 10-4　多对多的关联关系

10.1.4　自关联

一个数据表中的某个字段关联了该数据表中的另外一个字段，这种关联关系被称为自关联，例如图10-5和图10-6所示。

关联关系：自关联

用户表

id	username	leader_id	……
1	张三	3	……
2	李四	3	……
3	王五	4	……
4	赵六	5	……
5	孙七	6	……
6	周八		……

图 10-5　用户表自关联

关联关系：自关联

机构表

id	name	parent_id	……
1	销售一部	3	……
2	销售二部	3	……
3	销售总部	6	……
4	研发一部	5	……
5	研发总部	6	……
6	集团总部		……

图 10-6　机构表自关联

图10-5的用户表中，leader_id字段关联主键id，张三和李四的领导是王五，王五的领导是赵六……图10-6的机构表内部也是一样，存在自关联，通过parent_id字段关联主键id。自关联的表类似一棵树，存在层级的关系，父节点有若干子节点，子节点又有若干子子节点。

10.2　E-R 实体关系模型

E-R（E：Entity，R：Relation）模型也叫作实体关系模型，是用来描述现实生活中客观存在的事物、事物的属性，以及事物之间关系的一种数据模型。在开发基于数据库的信息系统的设计阶段，通常使用E-R模型来描述信息需求和信息特性，帮助我们理清业务逻辑，从而设计出优秀的数据库。

从名字就可以知道，E-R模型主要关注实体以及实体之间的关联关系。在E-R模型中有3个要素：实体、属性、关系。

- 实体：表示一个离散对象。实体可以被（粗略地）认为是名词，例如计算机、雇员、学生、老师等。实体分为两类，分别是强实体和弱实体。强实体是指不依赖于其他实体的实体，弱实体是指对另一个实体有很强的依赖关系的实体。除非是弱实体，否则每个实体都必须有一个唯一标识属性的最小化集合，这个集合叫作实体的主键。
- 关系：描述了两个或更多实体如何相互关联。关系可以被（粗略地）认为是动词，公司和计算机之间的拥有关系，雇员和部门之间的管理关系，演员和歌曲之间的表演关系，老师和学生之间的教学关系等。
- 属性：是标识每个实体的属性，例如一个用户实体，它下面的属性包括用户id、登录名、密码、性别和头像等。

E-R模型的构成成分是实体集、属性和关系集，其表示方法如下：

（1）实体集用矩形框表示，矩形框内写上实体名。

（2）实体的属性用椭圆框表示，框内写上属性名，并用有向边与其实体集相连。

（3）实体间的关系用菱形框表示，关系以适当的含义命名，名字写在菱形框中，用无向连线将实体矩形框与菱形框相连，并在连线上标明关系的类型，即1—1、1—N或M—N。

例如，一个员工一部门的E-R模型如图10-7所示。

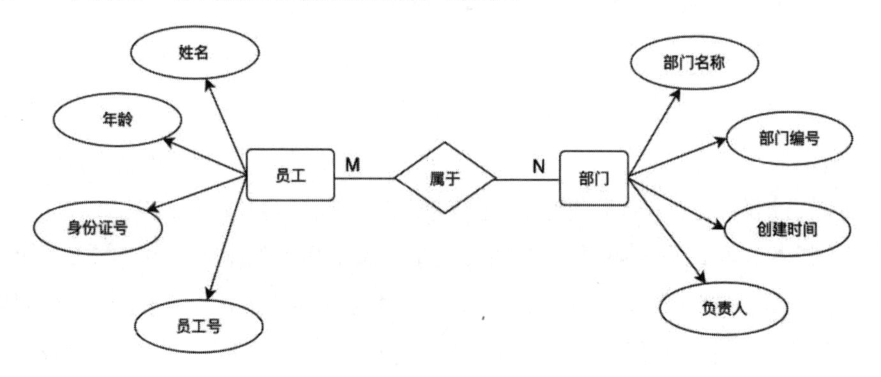

图 10-7　员工一部门的 E-R 模型

10.3　数据表设计三范式

数据库设计的第二个核心知识点是数据表设计的三范式。数据表设计的三范式分别是第一范式（1NF）、第二范式（2NF）和第三范式（3NF）。这些范式可以帮助我们设计出简洁高效的数据表，进而提高系统的效率。

第一范式（1NF）：列唯一，列字段不可分

不可分就是说所有的字段都是最小单位，不可进一步拆分。例如用户表中的身份证号、邮箱地址以及手机号码都不能再拆分了。如果是姓名，在国外可以进一步分为First Name（名）和Last Name（姓）等，因此，姓名不能作为一个字段；在国内我们的姓名不会再进一步拆分，因此可以把姓名作为一个字段。

第二范式（2NF）：行唯一，有主键，要求非主键字段完全依赖于主键

数据表里的每一条数据记录都是可唯一标识的，而且所有字段都必须完全依赖主键，不能只依赖主键的一部分。如果每一行都没有主键，就没有唯一性，没有唯一性在集合中就定位不到这行记录，因此每一行要有主键。

为什么要完全依赖主键呢？因为如果不依赖主键，就找不到它们。张三的姓名、手机以及邮箱等信息要完全依赖主键，只要依赖主键，它们就是唯一的，只要是唯一的，就可以通过主键找到张三的信息。也可以用“相关”这个词来代替“完全依赖”，也就是说其他字段必须和它们的主键相关，因为不相关的东西不应该放在一行记录里。

第三范式（3NF）：消除传递依赖，通过关联字段消除冗余

比如有一张用户表（id、username、pid、p_name）和一张项目表（id、name、……）一对一关联，每个用户负责对应的一个项目，如图10-8所示。在用户表中创建关联字段pid，用来存储项目id，但是项目名称字段p_name是没有必要创建的，因为它属于冗余字段，会浪费存储空间，所以应该被消除，这一点读者应该很容易理解。项目名称p_name应该完全依赖项目id这个主键，可是项目名称p_name现在是在用户表里，而用户表的主键可是用户id，因此应该消除传递依赖，将p_name字段删除。在用户表里添加项目名称字段p_name还有一个问题，就是容易导致数据不一致。比如我们将“A项目”的名称改为“D项目”，但是用户表的项目字段没有及时更新，就会导致数据不一致。

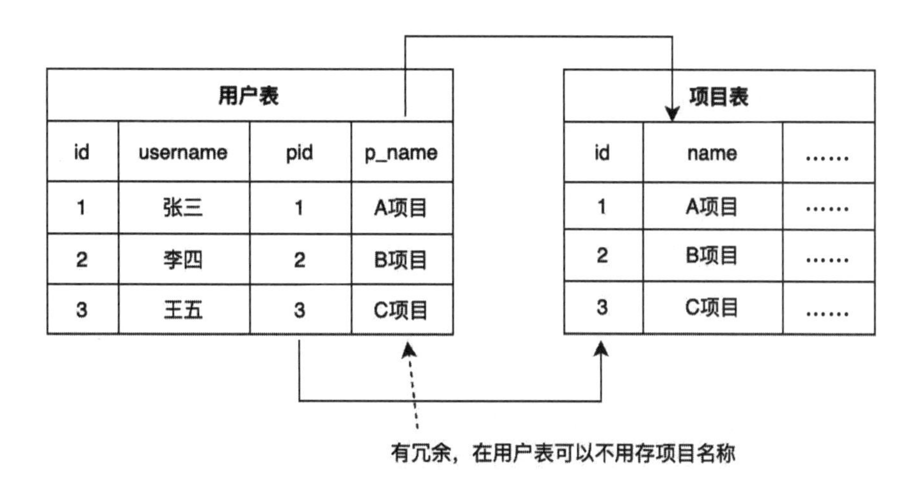

图 10-8　用户表自关联

不过规范归规范，不一定要死脑筋严格遵守的，有时候我们就是需要添加一些冗余字段来提升查询效率，因此应该结合具体的场景，随机应变，灵活变通。

10.4　数据库设计流程

数据库的设计流程如图10-9所示。

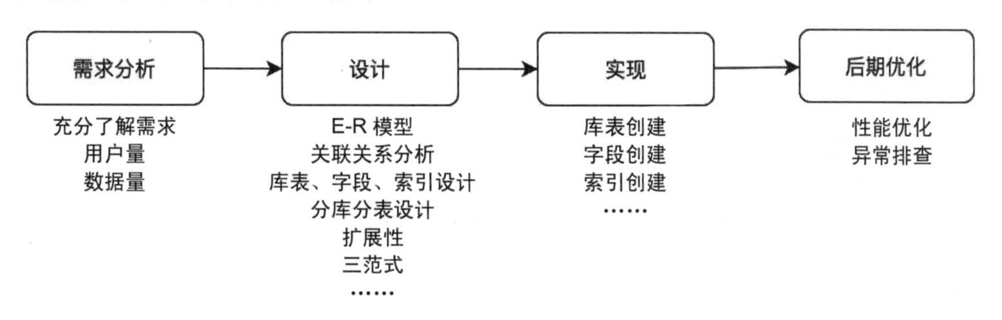

图 10-9　数据库设计流程

1）需求分析

慎始才能善终，在设计之初一定要充分了解客户的需求，清楚客户需要什么样的功能，了解系统用户量和数据量有多大。如果没有充分了解需求，草草进入下一个设计阶段，那么后期可能会出现返工，这样只会浪费更多的人力成本，严重打击员工积极性。因此需求分析十分重要。

2）设计

充分了解需求后，就可以开始设计数据库。我们要根据需求分析里面包含的各种模型来理清模型之间的关联关系（一对一、一对多还是多对多），根据模型来设计库表（库表名称）、字段（字段名称、字段类型、字段长度等）、索引。如果数据量特别大，可能还会涉及分库分表设计。设计过程中要考虑表的扩展性问题，同时遵守设计范式（三范式）。设计阶段也是非常重要的，好的设计可以让团队少加班，提高开发效率。

3）实现

根据设计结果，落地实施。有了详细的设计图纸，实施起来会轻松很多。

4）后期优化

智者千虑，必有一失，项目上线后必然会出现性能问题或者异常问题，因此，后期的优化和迭代不可避免。

以上就是笔者简单总结的数据库设计“四步曲”，接下来实现一个大家非常熟悉的业务需求——动手设计教务管理系统。

10.5　教务管理系统数据库设计案例

本节介绍一个教务管理系统的设计。

10.5.1　需求分析

小毅是一名软件研发工程师，专门给各高校开发教务管理系统。这一天，公司接到国内某知名大学（这里简称A大学）的项目，要开发自己的教务管理系统。A大学的项目对接人和公司负责人对话如下：

A大学的项目对接人：“我们要的教务管理系统需求很简单，把学生、宿舍、班级、老师、学生的选课情况、学生期中和期末的考试情况管理起来就可以了。”

公司负责人：“好的，了解。那您想管理学生和老师的哪些信息呢？”

A大学的项目对接人：“就是一些基本信息，像学生的姓名、年龄、年级（大一、大二等）、班级、出生年月、宿舍号以及籍贯这些。老师的话，也是姓名、年龄、是否已婚这些的”。

公司负责人：“好的，了解，那学生的家庭情况、教育经历这些要么？”

A大学的项目对接人：“可以先不要，后面肯定是要的。”

公司负责人：“好的，贵校目前总共有多少名学生、多少名老师以及有哪些课程，我这边会提供一个Excel模板，麻烦您先按照模板整理给我们。还有就是学生、老师、选课要哪些信息，也需要和您一一沟通清楚，然后确定下来。”

A大学的项目对接人：“好的，没问题。”

公司负责人：“你们目前学生和老师的人数多吗？”

A大学的项目对接人：“学生有3万多名，老师有500多人。”

公司负责人：“好的，管理学生的话，你们平时除了会录入学生数据、更新学生信息外，还有其他的需求吗？”

A大学的项目对接人：“有的，最好有一个学生导入的功能，支持批量学生导入，老师的也是。平时会经常通过学生的名字来查询学生信息以及考试成绩，老师也会经常通过班级来查询他（她）负责的班级里的学生的考试成绩。”

……

以上就是公司负责人和A大学的项目对接人的沟通对话。公司负责人根据沟通内容整理相关的需求，组织需求评审会，把需求文档和原型设计给小毅讲解一遍。小毅根据需求文档和原型设计，把存在的疑惑点和缺失的信息一一沟通清楚，然后就可以进入第二环节——开发设计。

10.5.2　设计

了解完需求文档和原型设计后，就可以开始数据库的设计了。设计之前需要先回顾A大学的项目对接人提的需求：

A大学对接人：“我们要的教务管理系统需求很简单，把学生、宿舍、班级、老师、学生的选课情况、学生期中和期末的考试情况管理起来就可以了。”

根据A大学的项目对接的人这句话，结合E-R实体关联模型，提取出相关的实体（名词）：学生、宿舍、班级、老师以及课程，实体使用矩形框表示，矩形框里填写实体名称。有了实体后，分析实体之间的关联关系（一对一、一对多、多对多等），关联关系使用菱形框表示。构建的教学管理系统实体关系图如图10-10所示。

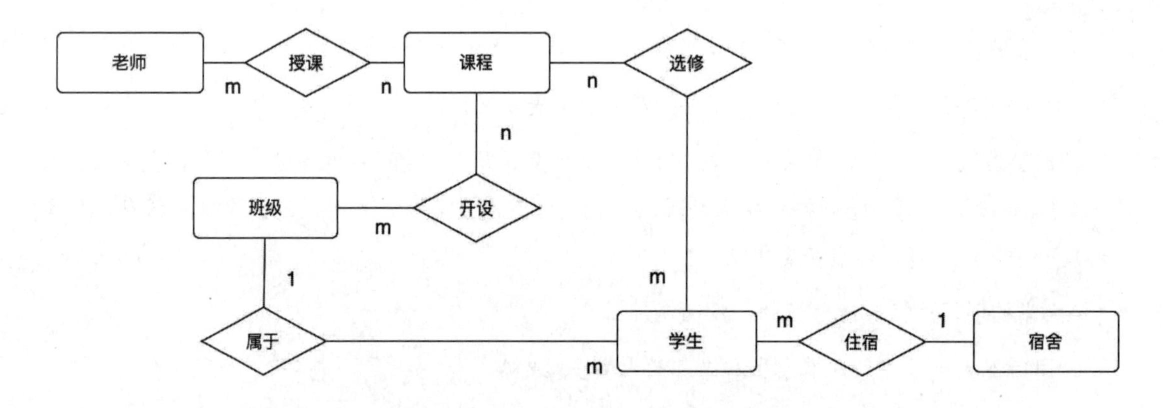

图 10-10　教务管理系统实体关系图（1）

找出名称实体，确定实体之间的关联关系：一个老师可以教多门课程，每门课程也可以让不同的老师教，属于多对多关系；一个学生只能属于一个班级，每个班级拥有多个学生，属于一对多关系。最后，再确认实体拥有的属性，具体如图10-11所示。

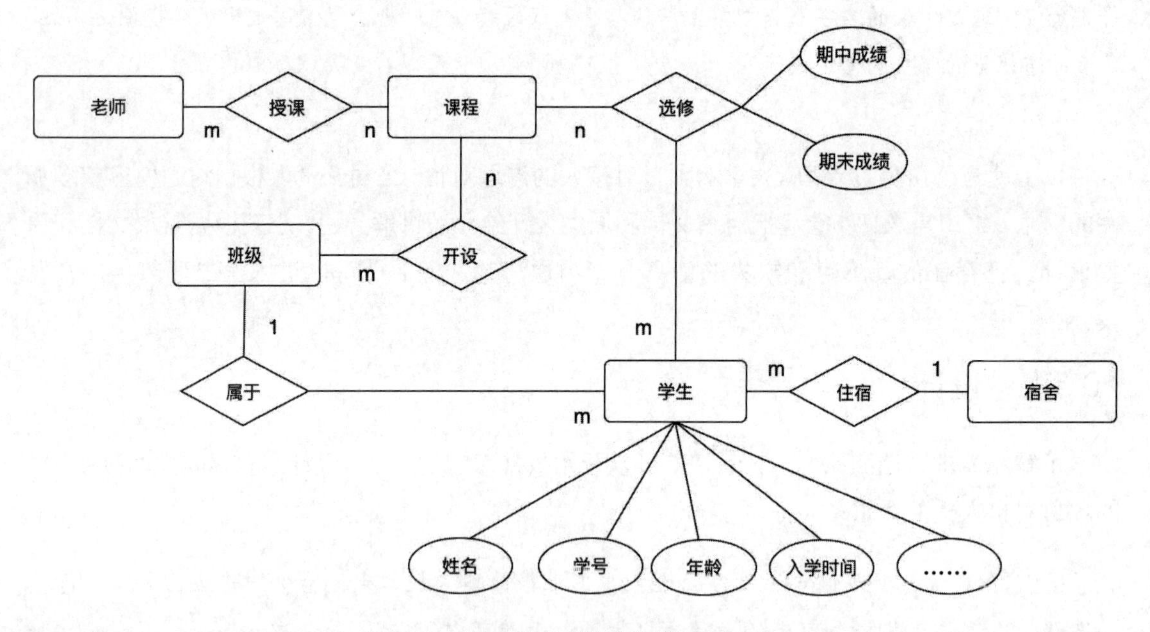

图 10-11　教务管理系统实体关系图（2）

图10-11只简单列出了学生部分属性。图中需要注意的一点是，关联关系“选修”包含“期中成绩”和“期末成绩”属性，也就是说，不仅实体可以包含属性，关联关系也可以包含属性。

E-R实体模型梳理完成后，紧接着就要开始设计数据库和表。E-R实体模型中的每个实体被设计成一张表，若是多对多的关联关系，则需要设计关联表；若是一对多的关联关系，则只需要在多的一方设置关联字段即可，具体如图10-12所示。

库名：edu-manage-system		
表名	表描述	类型
student	学生表	实体
course	课程表	实体
teacher	老师表	实体
class	班级表	实体
dorm	宿舍表	实体
student_course_rel	学生选修课程-关联表	关联关系：多对多
course_class_rel	课程开设班级-关联表	关联关系：多对多
teacher_course_rel	老师授课课程-关联表	关联关系：多对多

图 10-12　数据库和表设计

数据库和表的命名规范首先要遵守各自公司约定的数据库规范。

其次，笔者建议创建数据库和表的名称可以遵守以下几条：

（1）库名与应用名称尽量一致，比如我们开发的教务管理系统，应用名称是edu-manage-system，数据库名称就可以取为该名称。

（2）除非企业有特殊要求，否则库名统一使用小写字母、数字以及中画线。

（3）设置数据库的编码，例如utf8、utf8mb4等。

（4）表名不使用复数名词，例如students、teachers等都是错误的。

（5）表的命名建议遵循“业务名称缩写_表的作用”，因为一个庞大的应用系统，表的数量可能达到上百张，不同的表存储不同的业务数据。例如，系统相关的表，表名可以以sys_为前缀，学生业务相关的表，表名可以以stu_为前缀。因为我们设计的教务管理系统非常简单，所以就把表名前面的业务名称缩写省略了。

我们设计的教务管理系统总共有8张表，下面以学生表student为例，详细介绍如何设计表结构，具体如图10-13所示。

表名：student			
字段名称	字段类型	是否必填	字段描述
id	int	是	主键、自增
name	varchar(100)	是	姓名，普通索引
age	tinyint unsigned	是	年龄
sid	varcher(10)	是	学号，唯一索引
sex	tinyint unsigned	否	性别(0-女 1-男 2-未知)
enroll_time	datetime	否	入学时间
dorm_id	int	是	宿舍id（一对多关联字段）
class_id	int	是	班级id（一对多关联字段）
is_party_member	tinyint unsigned	是	是否党员，1-是 0-否(默认)
remark	text	否	备注信息
……	……		……
create_time	datetime	是	创建时间
update_time	datetime	是	更新时间

图 10-13 student 表设计

学生实体的属性非常多，图10-13只列举了部分属性。表结构设计建议遵守以下几条：

（1）字段名建议使用小写字母、数字以及下画线，禁止以数字开头，禁止两个下画线中间只出现数字。

（2）字段名称需要慎重考虑，因为数据库字段名的修改代价很大，修改字段名称，对应程序也要进行调整，还会导致整个表被锁。

（3）主键名称一般叫作id，主键类型通常有int、bigint、varchar等。主键字段建议不要使用业务字段，例如手机号码或者身份证号。主键的取值有以下几种情况：

- 自增主键：MySQL自增主键默认从1开始，每次新增记录时，自动加1。我们的学生表就设置主键类型为int类型（自增）。
- UUID主键：设置主键类型为UUID，例如，c3bbc657-1607-4ddb-98bc-edca8b00bb17。

（4）表达是与否概念的字段，必须使用is_xxx的命名方式，数据类型是unsigned tinyint（1表示是，0表示否），例如是否党员字段is_party_number。

（5）varchar是可变长字符串，长度不要超过5000，如果存储长度大于此值，则定义字段类型为 text，例如备注字段remark。

（6）业务上具有唯一特性的字段，即使是多个字段的组合，也必须建成唯一索引。学生表的sid字段，值是唯一的，因此设置为唯一索引，name字段为普通索引。

（7）索引不是越多越好，宁缺毋滥。不能认为页面有一个查询就需要建立一个索引。

（8）主键索引可以取名为“pk_字段名”；唯一索引可以取名为“uk_字段名”；普通索引可以取名则为“idx_字段名”。

学生表student设计完成后，我们设计关联表，以学生课程关联表student_course_rel为例，如图10-14所示。

表名：student_course_rel			
字段名称	字段类型	是否必填	字段描述
id	int	是	主键
student_id	int	是	学生id
course_id	int	是	课程id
mid_grade	tinyint unsigned	否	期中成绩
final_grade	tinyint unsigned	否	期末成绩
……	……	……	……

图 10-14　学生选修课程关联表设计

设计关联表时，表后缀名称为“xxx_rel”，这样可以一目了然地知道这是一张关联表。剩下的表结构，读者可以自己动手实践。

10.5.3　实现

在设计阶段，我们完成了教务管理系统E-R模型、数据库、表以及字段的设计，本小节就要根据设计图纸落地实现了。

学生表的建表SQL语句如下：

```
-- 学生表
create table student
(
    Id             int                          not null comment '主键' primary key,
    name           varchar(100)                 not null comment '姓名',
    age            tinyint unsigned             not null comment '年龄',
    sid            varchar(10)                  not null comment '学号',
    sex            tinyint unsigned             null comment '性别(0-女 1-男 2-未知)',
    enroll_time    datetime                     null comment '入学时间',
    dorm_id        int                          not null comment '宿舍id',
    class_id       int                          not null comment '班级id',
    is_party_member tinyint unsigned default '0' not null comment '是否党员, 1-是 0-
否（默认）',
    remark         text                         null comment '备注信息',
    create_time    datetime                     null comment '创建时间',
    update_time    datetime                     null comment '更新时间',
    constraint uk_sid unique (sid) comment 'sid唯一索引'
) comment '学生表';

create index idx_name on student (name);
```

学生与选修课程的建表SQL语句如下：

```
create table student_course_rel
(
    Id            int                   not null comment '主键'
       primary key,
    student_id    int                   null comment '学生id',
    course_id     int                   null comment '课程id',
    mid_score     tinyint unsigned      null comment '期中成绩',
    final_score   tinyint unsigned      null comment '期末成绩',
    create_time   datetime              null comment '创建时间',
    update_time   datetime              null comment '更新时间',
    constraint uk_mid_score_final_score
    unique (mid_score, final_score) comment 'mid_score和final_score组合唯一索引'
)
    comment '学生课程关联表';
```

其他表的实现，读者可自行实践。

以上就是教务管理系统的设计思路和步骤。当然，真实的工作比该案例更复杂。但是，只要我们掌握了设计方法和步骤，将复杂的大的问题拆解为一个一个的小问题，事情就迎刃而解了。

第 11 章 数据库日志

本章主要介绍MySQL数据库日志，包括错误日志、普通查询日志、慢查询日志、二进制日志、Undo日志、Redo日志以及Relay Log日志，最后介绍主从模式与主从同步等内容。

11.1 MySQL 的几种日志

日志是非常重要的概念，在排查MySQL服务器问题、分析慢SQL、数据备份和恢复等方面，都十分有用。MySQL有如下几种日志：

- 错误日志（Error Log）：错误日志记录了MySQL服务器发生的所有错误事件，包括启动、关闭、连接和查询等操作的错误信息，可用于故障排查。
- 普通查询日志（General Query Log）：记录了所有用户的连接开始时间和截止时间，以及发给MySQL数据库服务器的所有SQL指令。
- 慢查询日志（Slow Query Log）：慢查询日志记录了执行时间超过阈值的SQL语句，可用于优化查询性能。
- 二进制日志（Binary Log）：二进制日志记录了所有对数据库的修改，包括insert、update、delete等语句，以二进制的形式记录，可用于数据恢复、主从同步等场景。
- 撤销日志（Undo Log）：撤销日志记录了事务执行期间对数据的修改操作，用于支持回滚和MVCC功能。

- 重做日志（Redo Log）：是一种循环写入的日志文件，用于支持MySQL的事务和崩溃恢复机制。当MySQL执行事务时，所有对数据的修改操作都会被写入Redo Log中。Redo Log以追加的方式写入，当写满时会循环覆盖之前的记录。这样可以保证在发生宕机等异常情况时，可以通过Redo Log中保存的操作记录来恢复数据的一致性。
- 中继日志（Relay Log）：是指在主从复制中，从服务器上用来保存从主服务器接收到的二进制日志的一种日志文件。

11.2 了解错误日志

MySQL的错误日志默认是开启的，如果使用Windows操作系统，则可以在配置文件my.ini中配置它（位置：C:\ProgramData\MySQL\MySQL Server 8.0\my.ini）：

```
# Error Logging.
log-error="NPAJ3532.err"
```

上述配置指定错误日志的文件名。如果没有指定文件夹路径，就使用默认的数据目录：C:\ProgramData\MySQL\MySQL Server 8.0\Data。

我们可以用记事本打开NPAJ3532.err文件，文件内容如下：

```
    2023-02-22T13:12:43.107358Z 0 [System] [MY-010116] [Server] C:\Program Files\MySQL\MySQL Server 8.0\bin\mysqld.exe (mysqld 8.0.29) starting as process 20112
    2023-02-22T13:12:43.128194Z 1 [System] [MY-013576] [InnoDB] InnoDB initialization has started.
    2023-02-22T13:12:43.410933Z 1 [System] [MY-013577] [InnoDB] InnoDB initialization has ended.
    2023-02-22T13:12:43.710822Z 0 [Warning] [MY-010068] [Server] CA certificate ca.pem is self signed.
```

NPAJ3532.err错误日志文件中记录了服务器启动的时间，以及存储引擎InnoDB启动和停止的时间等。

11.3 了解普通查询日志

MySQL普通查询日志默认是不开启的，可以打开my.ini配置查看，也可以使用如下命令查询配置：

```
-- my.ini配置
# General and Slow logging.
log-output=FILE
--  0表示关闭
general-log=0
--  普通查询日志保存的文件
general_log_file="NPAJ3532.log"

-- 查询普通查询日志配置
mysql> show variables like '%general_log%';
+------------------+--------------+
| Variable_name    | Value        |
+------------------+--------------+
| general_log      | OFF          |
| general_log_file | NPAJ3532.log |
+------------------+--------------+
2 rows in set, 1 warning (0.00 sec)
```

general_log系统变量的值是OFF，表示普通查询日志处于关闭状态。因为一旦开启记录普通查询日志，MySQL就会记录所有的连接起止和相关的SQL操作，这样会消耗系统资源并且占用磁盘空间。general_log_file系统变量的值是NPAJ3532.log，表示普通查询日志存储在该文件中，如果没有特别指定，则存储在默认的数据目录（C:\ProgramData\MySQL\MySQL Server 8.0\Data）。

可以通过设置系统变量的值来开启普通查询日志：

```
-- 开启普通查询日志
mysql> set global general_log = 'on';
Query OK, 0 rows affected (0.02 sec)
-- 查询是否开启成功
mysql> show variables like '%general_log%';
+------------------+--------------+
| Variable_name    | Value        |
+------------------+--------------+
| general_log      | ON           |
| general_log_file | NPAJ3532.log |
+------------------+--------------+
2 rows in set, 1 warning (0.00 sec)
```

log_output系统变量指定日志输出的目标，如果在启动时未指定log_output，则默认日志记录目标为FILE：

```
mysql> show variables like '%log_output%';
+---------------+-------+
| Variable_name | Value |
+---------------+-------+
| log_output    | FILE  |
+---------------+-------+
1 row in set, 1 warning (0.00 sec)
```

设置此变量本身不会启用日志，它们必须单独启用。如果在启动时指定了log_output，则其值是从TABLE（记录到表）、FILE（记录到文件）或NONE（不记录到表或文件）中选择的一个或多个逗号分隔的单词的列表。

使用记事本打开普通查询日志文件NPAJ3532.log：

```
C:\Program Files\MySQL\MySQL Server 8.0\bin\mysqld.exe, Version: 8.0.29 (MySQL Community Server - GPL). started with:
TCP Port: 3306, Named Pipe: MySQL
Time                                    Id Command   Argument
...省略代码...
2023-02-22T14:07:02.891411Z     24 Connect    root@localhost on  using SSL/TLS
2023-02-22T14:07:02.892972Z     24 Query      select @@version_comment limit 1
2023-02-22T14:09:18.754627Z     24 Query      show databases
2023-02-22T14:09:20.825197Z     24 Query      SELECT DATABASE()
2023-02-22T14:09:20.825444Z     24 Init DB    mysql
2023-02-22T14:09:23.877195Z     24 Query      show tables
2023-02-22T14:09:30.580253Z     24 Query      select * from user
```

从普通查询日志文件NPAJ3532.log中，可以很清楚地看到账号root具体的登录时间、执行哪些SQL等信息。当不需要使用普通查询日志时，可以关闭它：

```
-- 关闭普通查询日志，OFF表示关闭
mysql> set global general_log = 'off';
Query OK, 0 rows affected (0.00 sec)
```

11.4　了解慢查询日志

慢查询日志可用于查找执行时间较长的SQL查询。通过揪出这些“拖油瓶”SQL，可以提升系统整体的效率。慢查询日志配置可通过my.ini配置获取：

```
-- 默认开启慢查询日志，1表示开启
slow-query-log=1
```

```
-- 慢查询日志的文件名称
-- 文件默认保存在目录C:\ProgramData\MySQL\MySQL Server 8.0\Data中
slow_query_log_file="DESKTOP-9RV1IBJ-slow.log"
-- 查询执行时间超过10秒，MySQL视为慢查询
long_query_time=10
```

除上述配置外，系统变量min_examined_row_limit也是控制慢查询的重要变量：

```
mysql> show variables like 'min_examined_row_limit';
+------------------------+-------+
| Variable_name          | Value |
+------------------------+-------+
| min_examined_row_limit | 0     |
+------------------------+-------+
1 row in set, 1 warning (0.01 sec)
```

min_examined_row_limit变量表示查询扫描过的最少记录数。该变量和long_query_time变量共同组成判断是否慢查询的条件。如果查询扫描过的记录数大于或等于min_examined_row_limit变量的值，并且查询执行时间超过long_query_time的值，那么这个查询就被记录到慢查询中。

我们可以通过配置文件my.ini或者通过set命令来修改min_examined_row_limit和long_query_time的值，例如：

```
set global long_query_time=1;
```

打开慢查询日志文件DESKTOP-9RV1IBJ-slow.log：

```
C:\Program Files\MySQL\MySQL Server 8.0\bin\mysqld.exe, Version: 8.0.29 (MySQL Community Server - GPL). started with:
TCP Port: 0, Named Pipe: MySQL
Time                 Id Command    Argument
-- 执行开始时间
# Time: 2023-02-23T14:49:25.378927Z
-- 用户信息
# User@Host: root[root] @ localhost [127.0.0.1]  Id:    15
-- 执行时长、锁表时长、检查的记录数
# Query_time: 0.101039  Lock_time: 0.000083 Rows_sent: 32  Rows_examined: 96
SET timestamp=1677163765;
SELECT * FROM sys.io_global_by_file_by_bytes
LIMIT 0, 1000;
...省略代码
```

Query_time表示语句执行时长，Lock_time表示锁表时长，Rows_sent表示发送到客户端的行数，Rows_examined表示服务器检查的记录数。启用log_slow_extra系统变量（从MySQL 8.0.14开始可用）会导致服务器除了刚才列出的字段之外，还会将其他额外字段（Thread_id、Errno、Killed等）写入日志中（TABLE输出不受影响）。

通过慢查询日志分析，我们就可以快速定位SQL，并对SQL语句进行优化，以此提升系统的执行效率。

11.5 了解二进制日志

Binlog是MySQL中的二进制日志，它记录了对数据库进行的所有修改操作，包括插入、更新、删除等。这些操作以二进制的形式记录在Binlog中，以便进行数据恢复和主从同步等操作。

Binlog有以下作用：

- 数据恢复：当数据库出现故障或数据丢失时，可以使用Binlog来进行数据恢复。通过将Binlog中记录的修改操作重新执行一遍，可以将数据库恢复到指定的状态。
- 主从同步：在主从复制中，主服务器上的修改操作会被记录到Binlog中，从服务器通过解析Binlog中的数据来保证自己的数据与主服务器上的数据一致。
- 安全审计：Binlog记录了对数据库的所有修改操作，可以用于对数据库的安全审计，以便追踪和诊断数据库中的安全问题。

在Binlog中，可以使用3种不同的记录格式：基于语句的复制（Statement-Based Replication，SBR）、基于行的复制（Row-Based Replication，RBR）和混合复制（Mixed-Based Replication，MBR）。

1. 基于语句的复制（SBR）

基于语句的复制是MySQL默认的Binlog记录格式。它记录的是对数据库执行的SQL语句。当进行主从同步时，从服务器通过解析Binlog中的SQL语句来执行相同的操作。缺点是可能会导致主备不一致。

2. 基于行的复制（RBR）

基于行的复制是一种将每一行数据的修改都记录在Binlog中的格式。当进行主从同步时，从服务器通过解析Binlog中的每一行数据的修改来进行同步。RBR的缺点是需要记录每一行数据的修改，因此会产生更多的Binlog数据，可能会降低性能。

3. 混合复制（MBR）

混合复制是一种同时使用基于语句的复制和基于行的复制的格式。MySQL会自动选择最合适的复制方式来记录Binlog。

11.6　了解撤销日志

Undo Log是MySQL中一种用于回滚事务的日志。当一个事务提交时，Undo Log会记录所有需要撤销的操作，例如删除或更新操作。当需要回滚时，MySQL会利用Undo Log来撤销这些操作，使数据回到原始的状态。因此，Undo Log是MySQL中保证ACID属性的关键组件之一。

Undo Log主要用于以下两个方面：

- 回滚操作：如果一个事务失败或被回滚，那么MySQL就可以使用Undo Log来撤销该事务中的所有修改操作，使数据回到原始的状态。
- 支持MVCC（多版本并发控制）：MySQL使用Undo Log来实现MVCC。在MVCC中，每个事务都可以看到数据库的一个快照版本，每个快照版本都会对应一个Undo Log段，用于存储该版本的历史记录。当一个事务读取一个数据时，MySQL会根据该事务的时间戳来查找相应的快照版本，然后使用该版本对应的Undo Log来生成一个数据的镜像，使该事务可以看到该数据在该时间戳之前的版本。

11.7　了解重做日志

Redo Log是MySQL中一种用于重做操作的日志。

当一个事务开始时，MySQL会创建一个Redo Log缓冲区，用于记录该事务的所有修改操作，这些修改操作包括插入、更新、删除等。当该事务提交时，MySQL会将Redo Log缓冲区中的数据写入磁盘上的Redo Log文件中。这样，在系统崩溃或者异常终止时，MySQL可以使用Redo Log文件中的数据来恢复数据库，确保数据库的一致性。

Redo Log主要用于以下两个方面：

- 恢复操作：当系统崩溃或者异常终止时，MySQL可以使用Redo Log中的数据来重做事务操作，从而恢复数据库的一致性。
- 支持事务的持久性：在MySQL中，事务的持久性是通过将事务的修改操作写入Redo Log中来实现的。当事务提交后，MySQL会将Redo Log中的数据写入磁盘上的Redo Log文件中，从而确保事务的修改操作不会因为系统崩溃而丢失。

11.8 了解中继日志

Relay Log是MySQL中一种中继日志，用于将从主服务器接收到的二进制日志复制到从服务器上。在从服务器上，Relay Log存储了从主服务器复制过来的二进制日志中的事件，并在从服务器上执行这些事件，以保证从服务器的数据与主服务器的数据保持一致。

11.9 主从模式与主从同步

1. 主从模式

我们知道，任何东西都有不可用的时候，数据库也不例外，例如图11-1所示的单实例数据库异常情况。

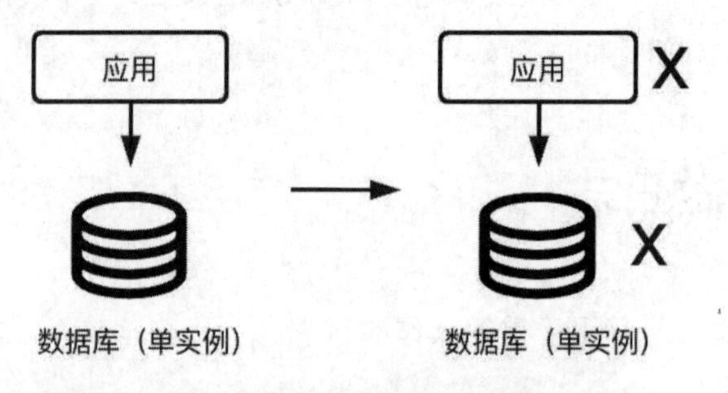

图 11-1　单实例数据库异常情况

单实例数据库异常情况是指当数据库由于某种原因导致宕机时，会直接导致应用不可用。

可见，单实例数据库无法保障高可用，改进的方法是再部署一个数据库从节点（slave），其中主节点承担写请求，从节点承担读请求，这就是主从结构，这种结构如图11-2所示。

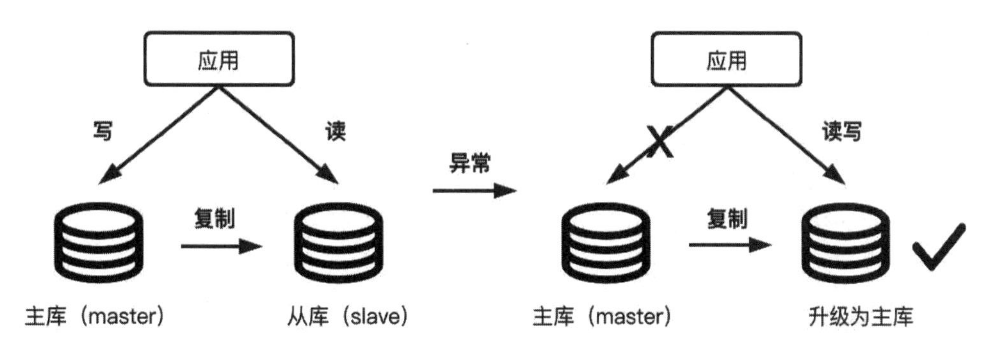

图 11-2 主从模式（读写分离）

主从模式就跟兄弟俩一起打仗一样，将来某一天，大哥意外战死，二哥扛起大哥的枪继续冲锋。在主从模式中，主节点会同步将数据复制给从节点，保证主从节点数据一致。

2. 主从同步

主从同步简单来讲就是一种数据复制技术，比如现在有主库和从库，主库上有50MB的数据，数据同步就是将主库上的50MB数据复制到从库上，以使得主库和从库存储相同的数据。当主库出现故障后，可以通过获取从库上的数据进行服务，避免了数据丢失，保证了系统的可用性和可靠性。

但是从库代替主库是有条件的，那就是主从节点的数据需要保证一致性，只有保证主从节点的数据一致性，才可以实现主从替换。

主从同步非常重要，可以解决MySQL高可用、高性能以及高并发等问题，主从同步的流程如图11-3所示。

说明如下：

（1）主库完成写操作后，可直接给用户回复执行成功，将写操作写入Binlog中，Binlog记录主库执行的所有更新操作，以便从库获取更新信息。

（2）主库和从库之间维持一个长连接。

（3）从库通过change master命令设置主库的IP地址、端口号、用户名、密码，以及要从哪个位置开始请求Binlog，位置包含文件名和日志偏移量。

（4）主库按照从库传过来的位置，从本地读取Binlog，通过Log Dump Thread线程将Binlog日志发送给从库。

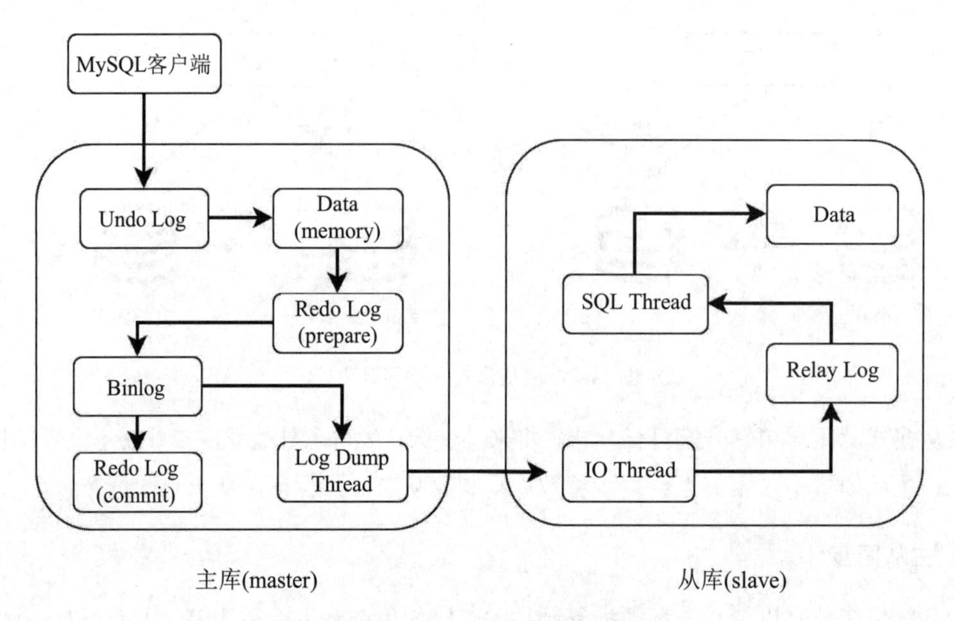

图 11-3　主从同步流程（默认异步复制）

（5）从库启动时（即执行start slave命令），会启动两个线程，即IO Thread和SQL Thread，其中IO Thread主要负责与主库建立连接，SQL Thread线程主要负责读取Relay Log，解析出日志里面的命令并执行。Relay Log是从库拿到Binlog后写到本地的文件。

读者需要特别注意的是顺序问题。顺序不同，即使同样的操作也会有很大的差异。例如：

顺序一：先复制Binlog日志，等Binlog日志全部复制到从节点后，主节点再提交事务。这种情况下主节点和从节点是保持同步的，主节点出现宕机也不会丢失数据。这种复制方式，我们称为同步复制。

顺序二：先提交事务，再复制Binlog日志到从节点。这种情况下，提交事务和复制这两个流程在不同的线程中执行，互相不会等待，性能会比较好，但是存在丢失数据的风险。这种复制方式，我们称为异步复制。

提示　MySQL从5.7版本开始支持半同步复制，默认使用异步复制方式。

1）同步复制

同步复制技术是指当用户请求更新数据时，主库必须等数据同步到从库后才响应用户，即如果主库数据没有同步到从库，则用户的更新操作会一直被阻塞。同步复制保证了数据的强一致性，但牺牲了系统的可用性。同步复制最大的缺点是牺牲了一定的可用性，会影响用户体验。

2）异步复制

异步复制技术，是指当用户请求更新数据时，主库处理完请求后可直接响应用户，而不必等待从库完成同步，即从库会异步进行数据的同步，用户的更新操作不会因为从库未完成数据同步而被阻塞。异步复制保证了系统的可用性，但牺牲了数据的一致性。

3）半同步复制

同步复制保证了数据的强一致性，牺牲了一定的可用性；异步复制满足了高可用，但一定程度上牺牲了数据的一致性。介于两者中间的是半同步复制技术。半同步复制的核心是，用户发出写请求后，主库会执行写操作，并给从库发送同步请求，但主库不用等待所有从库的回复数据同步成功便可响应用户，也就是说主库可以等待一部分从库同步完成后，响应用户写操作执行成功。

第 12 章 MySQL锁

本章主要介绍MySQL锁，包括共享锁和独占锁、全局锁、表级锁（表锁、元数据锁、意向锁、AUTO-INC锁）、行锁（记录锁、间隙锁与临键锁Next-key Lock、插入意向锁）以及悲观锁和乐观锁。

12.1 MySQL 锁及分类

MySQL锁是解决资源竞争的一种方案。在MySQL中，为了保证数据访问的一致性与有效性等功能，实现了锁机制。MySQL中的锁是对共享资源进行保护的一种机制，可以防止多个事务同时访问同一资源而导致数据不一致的情况发生。

根据加锁的范围，MySQL的锁大致可以分为全局锁、表级锁和行级锁三类。根据锁的属性，MySQL的锁可以分为共享锁（Shared Lock）和独占锁（Exclusive Lock）。根据锁的思想层面，MySQL的锁可以分为乐观锁和悲观锁。

12.2 共享锁和独占锁

共享锁也称为读锁或者S锁，指当对象被锁定时，允许其他事务读取该对象，也允许其他事务从该对象上再次获取共享锁，但不能对该对象进行写操作。

共享锁的加锁方式如下：

```
-- 共享锁-方式1
mysql> select ... lock in share mode;
-- 共享锁-方式2
mysql> select ... for share;
```

独占锁也称为写锁、排他锁或者X锁。其主要目的是防止其他事务和当前加锁事务锁定同一对象。这里的同一对象主要有两层含义：

（1）当独占锁加在表上时，其他事务无法对该表进行insert、update、delete等更新操作。

（2）当独占锁加在表的行上时，其他事务无法对该行进行insert、update、delete等更新操作。

独占锁的加锁方法如下：

```
-- 独占锁
mysql> select ... for update;
```

共享锁满足读读共享、读写互斥，独占锁（X锁）满足写写互斥、读写互斥，具体如图12-1所示。

	S-共享锁	X-独占锁
S-共享锁	兼容	不兼容
X-独占锁	不兼容	不兼容

图 12-1　共享锁（S 锁）与独占锁（X 锁）

具体示例如图12-2所示。

从上述示例中可以看出，当共享锁加在t表上时，Session-B可以再次获取t表的共享锁（8:02），但是，无法获取t表的独占锁，操作被堵塞（8:03）。

当共享锁加在t表id=2的行上时，Session-B可以再次获取t表id=2的行上的共享锁（8:07）；同样地，无法获取t表id=2的行上的独占锁，操作被堵塞（8:08）。但是，如果想获取t表id不等于2的行上的独占锁，则是可以操作成功的（8:09）。

共享锁和独占锁-示例		
会话 时间	Session-A	Session-B
8:00	开启事务 begin;	
8:01	-- 对整张表 t 添加共享锁 select * from t lock from share mode;	
8:02		-- 获取共享锁，select执行成功 select * from user lock in share mode;
8:03		-- 获取独占锁失败，操作被阻塞 delete from t where id = 1;
8:04	提交事务 commit;	
8:05	开启事务 begin;	
8:06	-- 获取记录id=2 的读锁 select * from t where id = 2 lock in share mode;	
8:07		-- 获取记录id=2的读锁，select执行成功 select * from t where id = 2 lock in share mode;
8:08		-- 获取id=2记录的独占锁失败，操作被阻塞 delete from t where id = 2;
8:09		-- 获取id=3记录的独占锁成功, delete执行成功 delete from t where id = 3;
8:10	提交事务 commit;	
8:11		-- 获取id=2记录的独占锁成功,delete执行成功 delete from t where id = 2;

图 12-2　共享锁（S 锁）与独占锁（X 锁）示例

12.3　全局锁

全局锁就是对整个数据库实例加锁。要使用全局锁，可以使用MySQL提供的全局锁命令FTWRL：

```
-- 全局锁命令
mysql> flush tables with read lock
```

使用上述命令后，整个数据库实例处于只读状态，之后的数据更新语句（增、删、改）、数据定义语句（建表和修改表结构等）和更新类事务的提交语句等都会被阻塞。

如果要释放全局锁，则可以执行如下命令：

```
-- 释放全局锁
mysql> unlock tables;
```

全局锁主要的应用场景是全库逻辑备份，这样在备份数据库期间，不会因为数据或表结构的更新而出现备份文件的数据与预期的不一样。

全局锁的示例如图12-3和图12-4所示。

全局锁-示例		
时间	MySQL数据备份	用户A购买商品
8:00	备份用户表	
8:01		更新用户表余额
8:02		更新库存表库存
8:03	备份库存表	

图 12-3　全局锁示例（1）

全局锁-示例		
时间	MySQL数据备份	用户A购买商品
8:00	备份库存表	
8:01		更新用户表余额
8:02		更新库存表库存
8:03	备份用户表	

图 12-4　全局锁示例（2）

在全局锁示例1中，先备份用户表，再备份库存表，当使用备份文件恢复数据时，会出现用户A的账户余额没有扣款，但用户却买到东西的情况。在全局锁示例2中，先备份库存表，再备份用户表，当使用备份文件恢复数据时，会出现用户A的账户余额扣款了，但是用户却没买上东西的情况。

使用全局锁会带来以下问题：一旦加上全局锁，则整个数据库实例就都是只读状态，在备份期间，业务应用只能读数据，而不能更新数据，会导致业务不可用。

既然备份数据库数据的时候使用全局锁会影响业务，那么有什么方式可以避免呢？答案是使用flush tables命令。可以在使用mysqldump工具时通过添加--single-transaction参数来避免全局锁影响业务，例如：

```
    -- 使用--single-transaction参数，添加全局锁，备份数据
    mysql> mysqldump --all-databases --master-data --single-transaction >
all_databases.sql
```

当mysqldump使用参数--single-transaction的时候，在导出数据之前会启动一个事务来确保拿到一致性视图，而由于MVCC的支持，这个过程中数据是可以正常更新的。

通过添加--single-transaction参数来备份数据的方式只适用于支持可重复读隔离级别的事务的存储引擎。在可重复读的隔离级别下，即使其他事务更新了表的数据，也不会影响备份数据库时的一致性视图，在备份期间，备份的数据一直都是开启事务时的数据。因为MySQL的InnoDB存储引擎默认的事务隔离级别是可重复读，所以可以采用这种方式。但是，对于MyISAM这种不支持事务的引擎，在备份数据库时就要使用FTWRL命令。

注意　数据库实例和数据库是不同的概念。当在某台计算机上安装完MySQL服务后，整个MySQL服务就是一个数据库实例，该实例有具体的IP地址和端口号（默认为3306）。一个数据库实例可以创建多个数据库，例如动物园数据库、订单数据库、教务管理数据库等。一个数据库实例可以包含多个数据库，而每个数据库只能归属于一个数据库实例，所以数据库实例和数据库是一对多的关系。

12.4 表级锁

MySQL表级别的锁有两种：一种是表锁，另一种是元数据锁（Meta Data Lock，MDL)。

12.4.1 表锁

表锁就是对整张表加锁，包含读锁和写锁，表锁的语法如下：

```
-- 表锁语法
mysql> lock tables [table_name] read/write
```

例如：

```
-- 给animal表添加表级别读锁
mysql> lock tables animal read;
-- 给animal表添加表级别写锁
mysql> lock tables animal write;
```

如果要释放锁，可以使用unlock命令：

```
-- 释放锁
mysql> unlock tables
```

除了使用unlock命令释放锁外，也可以在客户端断开的时候自动释放锁。

注意 unlock tables不仅会限制别的线程的读写，而且还会限定本线程接下来的读写操作。

表锁（共享锁）具体示例如图12-5所示。

表锁（共享锁）-示例		
时间＼会话	**Session-A**	**Session-B**
8:00	-- 给表 t 加读锁 lock table t read;	
8:01	-- 查询成功 mysql> select * from t; +----+ | id | +----+ | 1 | | 2 | +----+	-- 查询成功 mysql> select * from t; +----+ | id | +----+ | 1 | | 2 | +----+
8:02	-- 插入操作被拒绝 mysql> insert into t(id) values(3); -- 删除操作被拒绝 mysql> delete from t where id = 1; ERROR 1099 (HY000): Table 't' was locked with a READ lock and can't be updated	-- 插入操作被阻塞 mysql> insert into t(id) values(5); -- 删除操作被阻塞 mysql> delete from t where id = 1;
8:03	-- 查询操作失败（注意是表 t1 ） mysql> select * from t1; ERROR 1100 (HY000): Table 't1' was not locked with LOCK TABLES -- 插入操作被拒绝(注意是表 t1) mysql> insert into t1(id) values(9); ERROR 1100 (HY000): Table 't1' was not locked with LOCK TABLES	-- 插入操作执行成功（注意是表 t1 ） mysql> insert into t1(id) values(9);
8:04	--释放锁 mysql> unlock tables;	
8:05	CRUD操作都可以执行	CRUD操作都可以执行

图 12-5　表锁（共享锁）示例

当对表t添加读锁后，从上述示例中可以得出如下结论：

- 加锁线程Session-A只能对当前表t进行读操作，不能对当前表t进行更新操作，也不能对其他表进行所有操作。
- 其他线程（例如Session-B）只能对当前表t进行读操作，不能对当前表t进行更新操作，可以对其他表进行所有操作。

表锁（独占锁）具体示例如图12-6所示。

表锁（独占锁）-示例		
会话 时间	Session-A	Session-B
8:00	-- 给表 t 加写锁 lock table t write;	
8:01	-- 查询成功 mysql> select * from t; +----+ | id | +----+ | 1 | | 2 | +----+	-- 查询操作失败，被阻塞 mysql> select * from t;
8:02	-- 插入操作成功 mysql> insert into t(id) values(10); -- 删除操作成功 mysql> delete from t where id = 10;	-- 插入操作失败，被阻塞 mysql> insert into t(id) values(11); -- 删除操作失败，被阻塞 mysql> delete from t where id = 11;
8:03	-- 查询操作失败（注意是表 t1 ） mysql> select * from t1; ERROR 1100 (HY000): Table 't1' was not locked with LOCK TABLES -- 插入操作被拒绝(注意是表 t1) mysql> insert into t1(id) values(9); ERROR 1100 (HY000): Table 't1' was not locked with LOCK TABLES	-- 查询成功（注意是 t1） mysql> select * from t1; -- 插入操作执行成功（注意是表 t1 ） mysql> insert into t1(id) values(99);
8:04	--释放锁 mysql> unlock tables;	
8:05	CRUD操作都可以执行	CRUD操作都可以执行

图 12-6　表锁（独占锁）示例

当对表t添加写锁后，从上述案例中可以得出如下结论：

- 加锁线程Session-A对当前表t能进行所有操作，不能对其他表（例如表t1）进行任何操作。
- 其他线程（例如Session-B）不能对当前表t进行任何操作，可以对其他表（例如表t1）进行任何操作。

笔者建议尽量避免在工作中使用表锁，因为表锁的锁颗粒度太大，会影响性能。

12.4.2　元数据锁

元数据锁是自动管理的，它们是隐式获取的。当一个事务需要对某个元数据对象进行操作时，MySQL会自动获取所需的元数据锁，这种锁将一直保持到事务提交或回滚：

- 对表进行增、删、改、查操作时，加MDL读锁。
- 对表结构进行变更操作时，加MDL写锁。

读锁之间不互斥，可以有多个线程同时对一张表进行CRUD操作。读写锁之间、写锁之间是互斥的，用来保证变更表结构操作的安全性。因此，如果有两个线程要同时对一张表加字段，则其中一个线程要等另一个线程执行完才能开始执行，具体示例如图12-7所示。

元数据锁-示例		
会话 / 时间	Session-A	Session-B
8:00	-- 开启事务 begin;	
8:01	select * from t （MDL读锁）	
8:02		select * from t （MDL读锁，不会被阻塞）
8:03		alert table t add column... （MDL写锁，会被阻塞）

元数据锁-示例		
会话 / 时间	Session-A	Session-B
8:00	-- 开启事务 begin;	
8:01	alert table t add column... （MDL写锁）	
8:02		select * from t （MDL读锁，会被阻塞）
8:03		alert table t add column... （MDL写锁，会被阻塞）

图 12-7 元数据锁示例（1）

元数据锁是不需要显式调用的，那么，它是在什么时候被释放的？

元数据锁在事务提交后才会被释放，这意味着在事务执行期间，元数据锁是一直被持有的，具体示例如图12-8所示。

元数据锁-示例				
会话 / 时间	Session-A	Session-B	Session-C	Session-D
8:00	begin （开启事务）			
8:01	select * from t （读锁）			
8:02		select * from t （读锁，不会被阻塞）		
8:03			alert table t add column... （写锁，会被阻塞）	
8:04				select * from t （读锁，被阻塞）
8:05	commit; （提交事务，写锁释放）			

图 12-8 元数据锁示例（2）

在图12-8的示例中，Session-A开启事务（长事务），Session-A执行select查询，获得MDL读锁。Session-B也执行查询操作，也是获得MDL读锁，Session-A的MDL读锁和Session-B的MDL读锁并不冲突。紧接着，Session-C添加表字段，由于Session-A的事务还未提交，也就是说MDL读锁还未被释放，因此Session-C无法获得MDL写锁，请求就会被阻塞。那么，后续对该表的所有select查询都会被阻塞，比如Session-D。

Session-D的select语句之所以会被阻塞，是因为申请MDL锁的操作会形成一个队列，队列中写锁的获取优先级高于读锁，一旦出现MDL写锁等待，就会阻塞后续该表的所有CRUD操作。

那么，有什么办法可以安全地给表添加字段呢？

从上述的示例中可以看出，Session-C添加字段被阻塞，导致之后的所有CRUD操作都被阻塞，主要原因是长事务。因此，在进行表结构变更之前，先查询数据库是否有长事务（通过information_schema库的innodb_trx表查询）。如果有，可以考虑kill掉这个长事务，然后再做表结构的变更。除此之外，可以把调整表结构的操作移到业务低峰期执行，降低错误出现的概率。

12.4.3 意向锁

意向锁（Intention Lock）是一种表锁。InnoDB引擎支持多粒度锁定，允许行锁和表锁共存，为了快速判断表中是否存在行锁，InnoDB推出了意向锁。意向锁的出现是为了支持InnoDB的多粒度锁，它解决的是表锁和行锁共存的问题。

意向锁也分为意向共享锁（IS）和意向排他锁（IX）：

（1）意向共享锁：事务有意向对表中的某些行加共享锁（S锁）。

示例：

```
-- 事务要获取某些行的S锁，必须先获得表的IS锁
mysql> select name from user ... lock in share mode;
```

（2）意向排他锁：事务有意向对表中的某些行加排他锁（X锁）。

示例：

```
-- 事务要获取某些行的X锁，必须先获得表的IX锁
mysql> select name from user ... for update;
```

注意　意向共享锁和意向排他锁都是表锁，是一种不与行级锁冲突的表级锁，这一点非常重要。意向锁是InnoDB自动添加的，不需要用户干预。对于MyISAM而言，没有意向锁之说。

意向锁是InnoDB自动加上的，加锁时遵从下面两个协议：

- 事务在获取表中行的共享锁之前，必须先获取表上的IS锁或更强的锁。

- 事务在获取表中行的排他锁之前，必须先获取表上的IX锁。

意向共享锁、意向排他锁的兼容性如图12-9和图12-10所示。

	IS-意向共享锁	IX-意向排他锁
IS-意向共享锁	兼容	兼容
IX-意向排他锁	兼容	兼容

图 12-9 意向共享锁、意向排他锁的兼容性示例（1）

兼容性	X(表级)	IX	S(表级)	IS
X(表级)	冲突	冲突	冲突	冲突
IX	冲突	兼容	冲突	兼容
S(表级)	冲突	冲突	兼容	兼容
IS	冲突	兼容	兼容	兼容

图 12-10 意向共享锁、意向排他锁的兼容性示例（2）

从图12-9和图12-10可以看出，意向锁之间是互相兼容的。意向锁不会为难意向锁，也不会为难行级排他（X）/共享（S）锁，只会为难表级排他（X）/共享（S）锁。

无论加行级的X锁还是S锁，都会自动获取表级的IX锁或者IS锁。比如有3个事务，对不同的行加了行级X锁，这时就存在3个IX锁。这3个IX锁存在的意义是什么呢？假如这时有个事务想对整张表加排他X锁，那它不需要遍历每一行是否存在S或X锁，而是看有没有存在意向锁，只要存在一个意向锁，事务就加不了表级排他(X)锁，要等这3个IX锁全部被释放之后才行。

关于意向锁，网上有个生动的例子：

有个游乐场，白天有很多小朋友进去玩，看门大爷下班了要锁门（加表锁），他必须每个角落都检查一遍，确保所有的小朋友都离开了（释放行锁），才可以锁门。

假设锁门是件频繁发生的事情，大爷就会非常崩溃。一天，大爷想了一个办法，每当有小朋友进入时，就把小朋友的名字写到小本子上。当小朋友离开时，就把名字划掉。这样，大爷就能方便掌握有没有小朋友在游乐场，不必每个角落都去寻找一遍。

例子中的小本子就是意向锁，它记录的信息并不精细，只是提醒大爷是否有人在屋里。

IS锁示例如图12-11所示。

从图12-11可知，Session-A对记录添加共享锁（S锁）时，MySQL默认给t表添加IS锁，从LOCK_TYPE=TABLE可知，IS锁是表级锁。

IS锁-示例		
时间 \ 会话	Session-A	Session-B
8:00	-- 开启事务 begin;	
8:01	-- 记录添加共享行锁，t表默认会加IS锁 select * from t where id = 1 for share;	
8:02		mysql> select * from data_locks \G; *************************** 1. row *************************** ENGINE: INNODB ENGINE_LOCK_ID:140253773515912:1234:140253738346880 ENGINE_TRANSACTION_ID: 421728750226568 THREAD_ID: 48 EVENT_ID: 50 OBJECT_SCHEMA: zoo **OBJECT_NAME: t** PARTITION_NAME: NULL SUBPARTITION_NAME: NULL INDEX_NAME: NULL OBJECT_INSTANCE_BEGIN: 140253738346880 **LOCK_TYPE: TABLE** **LOCK_MODE: IS** LOCK_STATUS: GRANTED LOCK_DATA: NULL
8:03	-- 提交事务 commit;	

图 12-11　IS 锁示例

IX锁示例如图12-12所示。

IX锁-示例		
时间 \ 会话	Session-A	Session-B
8:00	-- 开启事务 begin;	
8:01	-- 记录添加排他锁，t表默认会加IX锁 select * from t where id = 1 for update;	
8:02		mysql> select * from data_locks \G; *************************** 1. row *************************** ENGINE: INNODB ENGINE_LOCK_ID: 140253773515912:1234:140253738346880 ENGINE_TRANSACTION_ID: 178475 THREAD_ID: 48 EVENT_ID: 54 OBJECT_SCHEMA: zoo **OBJECT_NAME: t** PARTITION_NAME: NULL SUBPARTITION_NAME: NULL INDEX_NAME: NULL OBJECT_INSTANCE_BEGIN: 140253738346880 **LOCK_TYPE: TABLE** **LOCK_MODE: IX** LOCK_STATUS: GRANTED LOCK_DATA: NULL
8:03	-- 提交事务 commit;	

图 12-12　IX 锁示例

从图12-12可知，Session-A对记录添加排他锁（X锁）时，MySQL默认给t表添加IX锁，从LOCK_TYPE=TABLE可知，IX锁是表级锁。

12.4.4　自增锁

自增锁（AUTO-INC Lock）是一种特殊的表级锁，当表中有AUTO_INCREMENT的列时，如果向这张表插入数据时，InnoDB会先获取这张表的AUTO-INC锁，等插入语句执行完成后，AUTO-INC锁会被释放。MySQL 8之所以引入自增锁，是因为在并发插入时，若多个线程同时插入数据，则可能会出现重复的id。

AUTO-INC锁可以使用innodb_autoinc_lock_mode变量来配置自增锁的算法，innodb_autoinc_lock_mode变量有3种取值，具体如图12-13所示。

AUTO-INC锁-模式	
innodb_autoinc_lock_mode	含义
0	传统锁模式，采用 AUTO-INC 锁
1	连续锁模式，采用轻量级锁
2	交错锁模式(MySQL8默认)，AUTO-INC和轻量级锁之间灵活切换

图 12-13　AUTO-INC 锁模式

12.5　行锁

所谓行锁，就是针对数据表中行记录的锁，MySQL的行锁是在引擎层实现的，并不是所有的引擎都支持行锁，比如，InnoDB引擎支持行锁而MyISAM引擎不支持。InnoDB引擎的行锁主要有3类：

- Record Lock：记录锁，是在索引记录上加锁。
- Gap Lock：间隙锁，锁定一个范围，但不包含记录。
- Next-key Lock：临键锁，Record Lock + Gap Lock的组合，锁定一个范围，并且锁定记录本身。

12.5.1　记录锁

记录锁（Record Lock）是针对索引记录的锁，锁定的总是索引记录。记录锁一共享锁的示例如图12-14所示。

记录锁-共享锁-示例		
会话 时间	Session-A	Session-B
8:00	-- 开启事务 begin;	
8:01	-- 对记录id=3，加共享锁（S锁） select * from t where id = 3 lock in share model;	
8:02		-- 查询成功，S锁和S锁不冲突 select * from t where id = 3 lock in share model; -- 更新操作被阻塞 update t set name = 'ay' where id = 3;
8:03	-- 提交事务 commit;	
8:04		被阻塞的update操作，执行成功

图 12-14　记录锁一共享锁示例

当事务Session-A对记录id=3加S型记录锁后，Session-B可以继续对该记录加S型记录锁（S锁与S锁兼容），但是，Session-B不可以对该记录加X型记录锁（S锁与X锁不兼容）。

记录锁一独占锁的示例如图12-15所示。

记录锁-独占锁-示例		
会话 时间	Session-A	Session-B
8:00	-- 开启事务 begin;	
8:01	-- 对记录id=3，加独占锁（X锁） select * from t where id = 3 for update;	
8:02		-- 查询失败，操作被阻塞（X锁和S锁冲突） select * from t where id = 3 lock in share model; -- 对记录id=3，更新操作被阻塞 update t set name = 'ay' where id = 3;
8:03	-- 提交事务 commit;	
8:04		被阻塞的update操作，执行成功

图 12-15　记录锁一独占锁示例

当事务Session-A对记录id=3加X型记录锁后，Session-B既不可以对该记录加S型记录锁（S锁与X锁不兼容），也不可以对该记录加X型记录锁（X锁与X锁不兼容）。

说明　for update显式在索引id上加X型行锁。

12.5.2　间隙锁与临键锁

Gap Lock称为间隙锁，只存在于可重复读隔离级别，目的是解决可重复读隔离级别下的幻读现象。

假如有一张表t，表中有字段id、name以及phone，id字段是主键（唯一），name字段是很普通的字段，phone字段添加普通索引，表t有5行数据，具体如图12-16所示。

表 t		
id（主键-唯一）	name（普通字段）	phone（普通索引）
1	a	111
2	b	222
3	c	333
5	d	555
9	e	999

图 12-16　表 t

表t存在隐藏间隙：(−∞, 1)、(1,2)、(2,3)、(3,5)、(5,9)以及(9,+∞)，具体如图12-17所示。

(-∞,1)	1	(1,2)	2	(2,3)	3	(3,5)	5	(5,9)	9	(9,+∞)

图 12-17　表 t 存在的隐藏间隙

Next-key Lock（又称临键锁）是间隙锁和行锁（记录锁）的合称，每个Next-key Lock是前开后闭区间。当表t初始化以后，如果用select * from t for update把整张表的所有记录锁起来，就形成了6个Next-key Lock，分别是(−∞, 1]、(1,2]、(2,3]、(3,5]、(5,9]以及(9,supremum]。因为+∞是开区间，为了符合Next-key Lock的“前开后闭区间”，InnoDB 给每个索引加了一个不存在的最大值supremum。

因为间隙锁在可重复读隔离级别下才有效，所以接下来的示例默认都是可重复读隔离级别。

当使用唯一索引来等值查询时，如果这行数据存在，则不产生间隙锁，而是记录锁，具体如图12-18所示。

间隙锁-唯一索引-等值查询-示例		
时间＼会话	Session-A	Session-B
8:00	-- 开启事务 begin;	
8:01	-- 等值查询，加记录锁（没有间隙锁） select * from t where id = 3 for update;	
8:02		-- insert操作，正常执行 insert into t(id,name) values(6, 'f');
8:03	-- 提交事务 commit;	

图 12-18　唯一索引－等值查询示例

当使用唯一索引来等值查询时，如果这行数据不存在，则会产生间隙锁，具体如图12-19所示。

间隙锁-唯一索引-记录不存在-示例		
时间＼会话	Session-A	Session-B
8:00	-- 开启事务 begin;	
8:01	-- 等值查询，记录不存在，加间隙锁 select * from t where id = 6 for update;	
8:02		-- 执行被阻塞 insert into t(id,name) values(7, 'f');
8:03		-- 执行被阻塞 insert into t(id,name) values(8, 'f');
8:04		-- 执行成功 insert into t(id,name) values(10, 'f');
8:05	-- 提交事务 commit;	

图 12-19　唯一索引－等值查询－记录不存在示例

图12-19中，Session-A查询id=6的记录不存在，MySQL会在(6,9]区间产生间隙锁，因此Session-B在8:02和8:03的插入操作会失败，而8:04的插入操作会成功。

当使用唯一索引进行范围查询时，对于满足查询条件但不存在的数据产生间隙锁，对于查询存在的记录就会产生记录锁，加在一起就是临键锁，具体案例如图12-20所示。

图12-20所示，当Session-A使用id>5进行范围查询时，记录9满足条件，会产生记录锁，最终形成(5,+supernum]的临键锁。因此，Session-B在8:02和8:03的插入操作会被阻塞，而8:04的插入操作会成功，因为id=4不在(5,+supernum]临键锁的范围内。

间隙锁-唯一索引-范围查询-示例		
时间 \ 会话	Session-A	Session-B
8:00	-- 开启事务 begin;	
8:01	-- 范围查询，记录存在，加临键锁 select * from t where id > 5 for update;	
8:02		-- 执行被阻塞 insert into t(id,name) values(7, 'f');
8:03		-- 执行被阻塞 insert into t(id,name) values(8, 'f');
8:04		-- 执行成功 insert into t(id,name) values(4, 'f');
8:05	-- 提交事务 commit;	

图 12-20 间隙锁—唯一索引—范围查询示例

当使用普通索引（非唯一索引）时，不管是锁住单条还是多条记录，都会产生间隙锁，具体示例如图12-21所示。

间隙锁-普通索引-等值查询-示例		
时间 \ 会话	Session-A	Session-B
8:00	-- 开启事务 begin;	
8:01	-- 等值查询，记录存在，加间隙锁 select * from t where phone = '555' for update;	
8:02		-- 执行被阻塞 insert into t(id,phone) values(444, '444');
8:03		-- 执行被阻塞 insert into t(id,phone) values(777, '777');
8:04		-- 执行成功 insert into t(id,phone) values(222, '222');
8:05	-- 提交事务 commit;	

图 12-21 间隙锁—普通索引—等值查询示例

图12-21中，Session-A在8:01进行等值查询，phone='555'记录是存在的，因此会产生phone='555'的记录锁，最终会产生('333','555']的临键锁；又因为phone是普通索引，因此访问

phone='555'的这一条记录不能马上停下来，需要向右遍历，直到查到phone='999'才放弃，索引又会产生('555','999')间隙锁。因此，Session-B在8:02和8:03就无法插入数据，执行操作被阻塞，而在8:04之所以能插入成功，是因为phone='222'不在间隙锁范围内。

接下来看一下普通索引的范围查询，具体示例如图12-22所示。

间隙锁-普通索引-范围查询-示例		
会话 / 时间	**Session-A**	**Session-B**
8:00	-- 开启事务 begin;	
8:01	-- 范围查询，加间隙锁 select * from t where phone >= '555' and phone < '777' for update;	
8:02		-- 执行被阻塞 insert into t(id,phone) values(444, 'f', '444');
8:03		-- 执行被阻塞 insert into t(id,phone) values(777, '777');
8:04		-- 执行成功 insert into t(id,phone) values(222, '222');
8:05		-- 执行被阻塞 update t set name = 'x' where phone = '999';
8:06	-- 提交事务 commit;	

图 12-22　间隙锁－普通索引－范围查询示例

在图12-22中，在8:01通过phone>='555' and phone < '777'进行范围查询，因为phone字段是普通索引，索引会产生('333','555'] 以及('555','999']的临键锁，所以，Session-B在8:02、8:03执行插入操作时，操作会被阻塞，在8:04执行插入操作时，由于phone='222'不在间隙锁范围内，因此执行成功。同理，在8:05无法更新phone='999'。

当使用无索引字段进行查询时，不管是锁住单条还是多条记录，都会产生表锁，具体示例如图12-23所示。

在图12-23中，在8:01进行无索引查询，产生表锁，因此，Session-B无法对表t执行增、删、改操作，所有的操作都会被阻塞。

间隙锁之间都不存在冲突关系，具体示例如图12-24所示。

间隙锁-无索引-示例		
会话 / 时间	Session-A	Session-B
8:00	-- 开启事务 begin;	
8:01	-- 无索引查询，表锁 select * from t where name = 'c' for update;	
8:02		-- 执行被阻塞 insert into t(id,phone) values(444, '444');
8:03		-- 执行被阻塞 update t set name = 'x' where id = 5
8:04		-- 执行被阻塞 delete from t where id = 9;
8:05	-- 提交事务 commit;	

图 12-23　间隙锁一无索引示例

间隙锁-不冲突-示例		
会话 / 时间	Session-A	Session-B
8:00	-- 开启事务 begin;	-- 开启事务 begin;
8:01	-- 间隙锁（5，9） select * from t where id = 7 lock in share mode;	
8:02		-- 执行成功，加间隙锁（5，9） select * from t where id = 7 for update;
8:05	-- 提交事务 commit;	

图 12-24　间隙锁之间不存在冲突示例

间隙锁虽然有X型间隙锁和S型间隙锁两种，但是它们之间并没有什么区别。间隙锁之间是兼容的，即两个事务可以同时持有包含共同间隙范围的间隙锁，并不存在互斥关系，因为间隙锁是为防止插入幻影记录而提出的。

12.5.3　插入意向锁

插入意图锁是在插入行之前通过insert操作设置的一种间隙锁。插入意向锁的名字中虽然有“意向锁”，但是它并不是真正的意向锁，而是一种特殊的间隙锁，属于行级别锁。间隙锁是可重复读这个隔离级别下特有的产物，而插入意图锁是一种特殊的间隙锁，因此当然也是在可重复读这个隔离级别下生效。

一个事务在插入一条记录的时候，需要判断插入位置是否已被其他事务加了间隙锁。如果有的话，插入操作就会发生阻塞，直到拥有间隙锁的那个事务提交为止。在此期间会生成一个插入意向锁，表明有事务想在某个区间插入新记录，但是现在处于等待状态。

现有一张如图12-25所示的表t。表t中的插入意向锁示例如图12-26所示。

表 t	
id（主键-唯一）	name
90	ay
102	al

图 12-25　表 t 数据

插入意向锁-示例			
时间＼会话	Session-A	Session-B	Session-C
8:00	-- 开启事务 begin;	-- 开启事务 begin;	-- 开启事务 begin;
8:01	-- 包含 (90, 102] 和(102, supremum] 间隙锁 select * from t where id > 90 for update;		
8:02		-- 操作被阻塞，获取插入意图锁 insert into t(id) values (95);	
8:03			-- 操作被阻塞，获取插入意图锁 insert into t(id) values (100);
8:04	-- 提交事务 commit;		

图 12-26　插入意向锁示例

Session-A在8:01时对id大于90的索引记录进行独占锁定，生成(90, 102]和(102, supremum]间隙锁。Session-B开始事务，在8:02时，insert操作被阻塞，等待获取排他锁，Session-B在等待获取排他锁时获得插入意向锁，锁的状态为等待状态。在8:02时，Session-B被阻塞的原因在于插入意向锁和排他锁之间是互斥的。

插入意向锁之间互不排斥，因此即使多个事务在同一区间插入多条记录，只要记录本身（主键、唯一索引）不冲突，那么事务之间就不会出现冲突等待。比如Session-C在8:03执行插入操作，同样可以获取插入意向锁。通过插入意向锁，可以优雅地解决并发插入的问题。

12.6　悲观锁和乐观锁

MySQL的悲观锁是显性的锁，并且这种锁需要MySQL的InnoDB引擎和事务才可以生效。MySQL悲观锁的语法关键字是update，在同一时间执行同一行操作的两条update语句之间只有一个会执行，另一个只能等待，例如：

```
begin;
-- 悲观锁
update user set name='ay' where id=1;
commit;
```

当执行到update时会对id=1的行加锁，执行时其他线程不能操作当前的行，直到commit执行后才能释放锁。

很多情况下select也需要锁，从select获取锁开始到事务提交或者回滚，整个过程都具有排他性。可以使用select for update语句，让select语句像update一样可以锁定行，直到事务执行完才被释放，示例如下：

```
begin;
-- 悲观锁
select name from user where id=1 for update;
commit;
```

MySQL乐观锁是基于悲观锁实现的，也可以认为MySQL本身并没有乐观锁，但是可以采用类似版本号比较的方式来实现乐观锁。乐观锁与悲观锁相对存在，乐观锁很乐观，它假设数据不会发生冲突，因此在数据进行commit的时候，才会正式对数据的冲突情况进行检测，如果发现冲突了，则直接返回用户错误信息，让用户决定下一步如何做。

乐观锁的实现一般都是在表中增加版本号version字段，当更新数据时对版本号进行+1的更新操作。

```
-- 查询数据
select id,name,version from user where id=1;
-- 更新数据
update user set name=#{name},version=version+1 where id=1 and version=0;
```

假设A和B两个线程分别执行上述语句，线程A和线程B执行select语句后，都返回version=0。当执行update语句时，因为MySQL悲观锁的特性，两个线程不可能同时update一条数据，所以在update同一条数据的时候，是有先后顺序的，只有在第一个线程执行完update语句后，才能释放行锁，让第二个线程继续进行update操作。A线程执行完成后，version字段值将变成1，因此B线程会修改失败，从而实现了乐观锁控制。

锁的本质是同一时刻只有获取锁的线程可以运行，其他线程必须等到锁释放才有可能执行。无论使用什么编程语言，该语言都会有锁的语法，比如 Java中的Synchronized。在工作中，除了在数据库层使用乐观锁和悲观锁外，还可以在应用层或者说程序代码中使用锁机制，这也是真实工作中常用的方法。

第 13 章

MySQL分库分表

本章主要介绍MySQL的分库、分表、分组的相关内容。

13.1 分库

所谓分库，是指根据业务需要将原库拆分成多个库，这样做可以将一个大型的数据库分散到多台机器上，从而提高整个系统的吞吐量和并发能力，降低单个数据库的负载和风险。分库架构如图13-1所示。常见的分库方式有两种：垂直分库和水平分库。

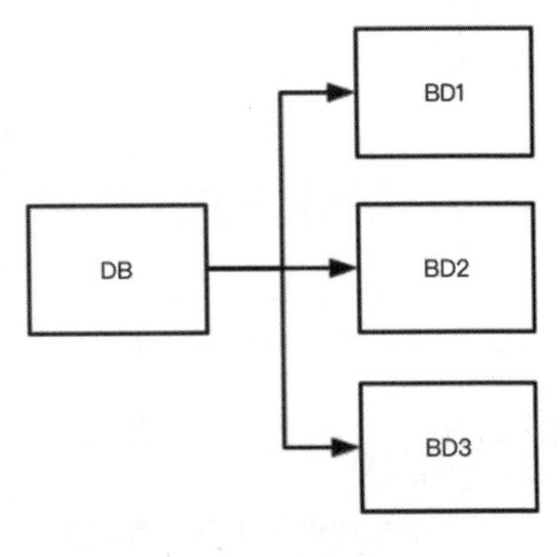

图 13-1　分库示意图

1. 垂直分库

垂直分库是根据业务进行划分的，将同一类业务相关的数据表划分在同一个库中。例如将原库中有关商品的数据表划分为一个数据库，将原库中有关订单的数据表划分为另一个数据库。

2. 水平分库

水平分库是按照一定的规则对数据库进行划分。每个数据库中各个表的结构相同，数据存储在不同的数据库中。

13.2 分表

分表是指根据业务需要将大表拆分成多张子表，通过降低单表的大小来提高单表的性能。分表架构如图13-2所示。常见的分表方式有两种：垂直分表和水平分表。

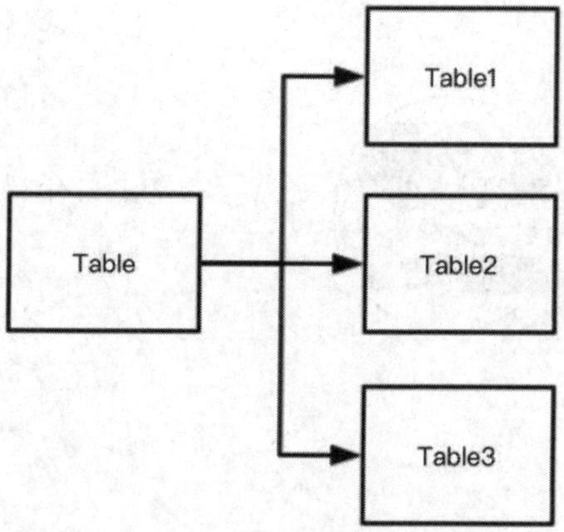

Table

Table1

Table2

Table3

图 13-2 分表的示意图

1. 垂直分表

垂直分表就是将一张大表根据业务功能拆分成多张分表。例如原表可根据业务分成基本信息表和详细信息表等。

2. 水平分表

水平分表是按照一定的规则对数据表进行划分。每张数据表的结构相同，数据存储在多张分表中。

13.3 切分方式

数据库、数据表的切分方式有水平切分和垂直切分两种。

13.3.1 水平切分的方式

水平分库或者水平分表都属于水平切分的方式。在真实业务场景中，强烈建议分库，而不是分表。因为分表依然共用一个数据库文件，仍然有磁盘IO的竞争，而分库能够很容易地将数据迁移到不同的数据库实例中，甚至不同的数据库机器上，扩展性更好。

常用的水平切分方式有两种：范围法和哈希法。

1）范围法

范围法的原理如图13-3所示（以用户服务为例）。

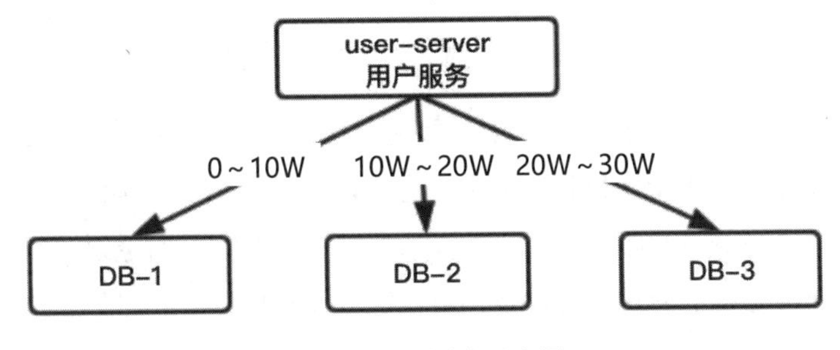

图 13-3　范围法示意图

以用户中心的业务主键uid为划分依据，将数据水平切分到3个数据库实例中：

- DB-1：存储0~10万的用户数据。
- DB-2：存储10万~20万的用户数据。
- DB-3：存储20万~30万的用户数据。

当然，我们也可以按照年份、月份进行水平切分：

- DB-1：存储2017年的用户数据。
- DB-2：存储2018年的用户数据。
- DB-3：存储2019年的用户数据。

2）哈希法

哈希法的原理如图13-4所示。

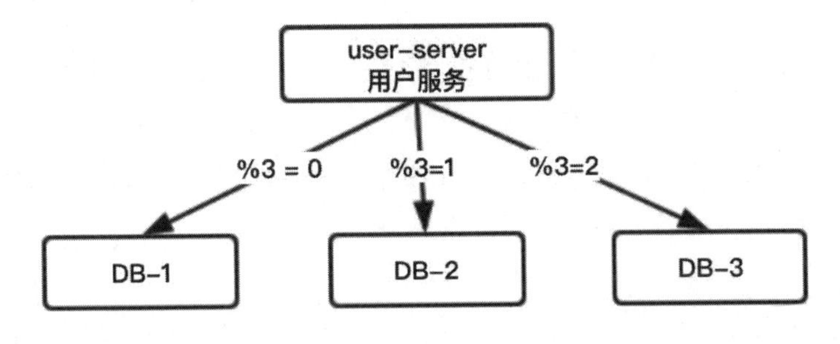

图 13-4　哈希法示意图

也是以用户主键uid为划分依据，将数据水平切分到3个数据库实例中：

- DB-1：存储uid取模得0的uid数据。

- DB-2：存储uid取模得1的uid数据。
- DB-3：存储uid取模得2的uid数据。

这两种方法在互联网都有使用，其中哈希法使用得较为广泛。

在水平切分结构中，多个实例之间本身不直接产生联系，不像主从间有Binlog同步。多个实例数据库的结构完全相同，多个实例存储的数据之间没有交集，所有实例间的数据并集构成全局数据。大部分互联网业务数据量很大，单库容量容易成为瓶颈，此时通过分片可以线性提升数据库的写性能，降低单库数据的容量。分片是为解决数据库数据量大的问题而实施的架构设计。

13.3.2 垂直切分的方式

垂直分库或者垂直分表都属于垂直切分。在开发过程中，根据业务对数据进行垂直切分时，一般要考虑属性的“长度”和“访问频度”两个因素：

- 长度较短、访问频率较高的放在一起。
- 长度较长、访问频度较低的放在一起。

这是因为数据库会以行为单位将数据加载到内存里，在内存容量有限的情况下，长度短且访问频度高的属性放在一起，内存能够加载更多的数据，命中率会更高，磁盘IO会减少，数据库的性能会提升。

我们仍然以用户服务为例，可以这样进行垂直切分：

```
User(uid, uname, passwd, sex, age, …)
User_EX(uid, intro, sign, …)
```

垂直切分开的表，主键都是uid，登录名、密码、性别、年龄等属性放在一个垂直表（库）里，自我介绍、个人签名等属性放在另一个垂直表（库）里。垂直切分既可以降低单表（库）的数据量，又可以降低磁盘IO，从而提升吞吐量，但它与业务的结合比较紧密，并不是所有业务都能够进行垂直切分的。

13.4 分组

主和从构成的数据库集群称为分组。分组架构如图13-5所示。

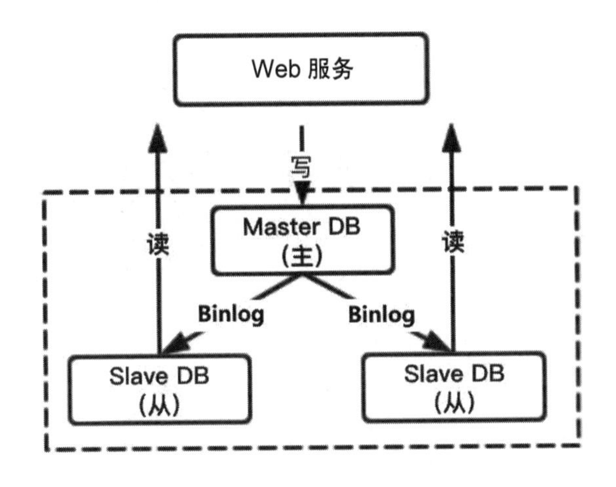

图 13-5　分组示意图

在同一个组里的数据库集群，主从之间通过Binlog进行数据同步，多个实例数据库的结构完全相同，多个实例存储的数据也完全相同，本质上是将数据进行复制。

大部分互联网业务读多写少，数据库的读往往最先成为性能瓶颈。如果希望线性提升数据库的读性能，消除读写锁冲突，提升数据库的写性能，冗余从库实现数据的“读高可用”，那么可以使用分组架构。需要注意的是，在分组架构中，数据库的主库依然是写单点。

第 14 章

SQL性能优化与字符集

本章主要介绍explain执行计划、show profile以及慢SQL优化（索引失效优化、插入性能优化）与字符集等内容。

14.1 SQL 优化工具

通常，在项目上线初期，业务数据量相对较少，一些SQL的执行效率对程序运行效率的影响并不明显，此时，开发和运维人员也无法判断SQL对程序的运行效率的影响有多大，故很少针对SQL进行专门的优化。随着时间的积累，业务数据量的增多，SQL的执行效率对程序的运行效率的影响逐渐增大，此时对SQL的优化就很有必要。本节我们介绍几种SQL的优化方法。

14.1.1 explain执行计划

SQL优化的第一步就是要知道执行一条SQL语句先后查询了哪些表，是否使用了索引，获取到数据遍历了多少行，等等。可以通过explain命令来查看这些执行信息。这些执行信息被统称为执行计划。

MySQL的explain语句提供有关如何执行语句的信息。通过使用MySQL的explain语句，可以帮助我们定位慢SQL问题所在。explain可用于select、delete、insert、replace和update语句。

在MySQL中使用执行计划也非常简单，只要在SQL语句前面加上explain关键字，然后执行这个查询语句就可以了。例如：

```
-- 语句一：使用explain查看执行计划
mysql> explain select * from performance_schema.users where user = 'root';
-- 语句二：使用explain查看执行计划
mysql> explain SELECT * FROM zoo.t where id > 15;
```

查询结果如图14-1和图14-2所示。

	id	select_type	table	partitions	type	possible_keys	key	key_len	ref	rows	filtered	Extra
▶	1	SIMPLE	users	NULL	const	USER	USER	129	const	1	100.00	NULL

图 14-1　语句一的 explain 执行计划

	id	select_type	table	partitions	type	possible_keys	key	key_len	ref	rows	filtered	Extra
▶	1	SIMPLE	t	NULL	range	PRIMARY	PRIMARY	4	NULL	39	100.00	Using where

图 14-2　语句二的 explain 执行计划

说明：

- id：每个执行计划都有一个 id，如果是一个联合查询，那么这里还将有多个id。
- select_type：表示select查询类型，常见的有simple（普通查询，即没有联合查询、子查询）、primary（主查询）、union（union 中后面的查询）、subquery（子查询）等。
- table：当前执行计划查询的表，如果给表起别名了，则显示别名信息。
- partitions：查询涉及的分区数。
- type：表示从表中查询到行所执行的方式，查询方式是SQL优化中一个很重要的指标，结果值从好到差依次是system、const、eq_ref、ref、range、index、all。system/const表示只有一行数据匹配，此时根据索引查询一次就能找到对应的数据。eq_ref表示使用唯一索引扫描，常见于多表连接中使用主键和唯一索引作为关联条件。ref表示使用非唯一索引扫描，还可见于唯一索引最左原则匹配扫描。range表示索引范围扫描，比如<、>、between等操作。index表示索引全表扫描，此时遍历整个索引树。
- possible_keys：可能使用的索引。
- key：实际使用的索引。
- key_len：当前使用的索引的长度。
- ref：关联id等信息。
- rows：查找到记录所扫描的行数。

- filtered：查找到所需记录占总扫描记录数的比例。
- Extra：额外的信息。

授人以鱼不如授人以渔，学习某些命令应该如何使用，一手学习资料永远都是官方文档，explain命令更多详细内容，请读者参考官方文档。

14.1.2　show profile

show profile功能是MySQL 5.0.37版本之后才支持的，可以通过如下命令查询：

```
-- YES表示支持show Profile 功能
mysql> select @@have_profiling;
+------------------+
| @@have_profiling |
+------------------+
| YES              |
+------------------+
1 row in set, 1 warning (0.00 sec)
```

show profile语法如下：

```
-- show profile语法
show profile [type [, type] ... ]
    [for query n]
    [limit row_count [offset offset]]
```

type参数支持如下选项：

- all：显示所有开销信息。
- block io：阻塞的输入输出次数。
- context switches：上下文切换的相关开销信息。
- cpu：显示用户和系统CPU使用时间。
- ipc：接收和发送消息的相关开销信息。
- memory：显示内存的相关开销信息，当前未实现。
- page faults：显示页面错误的相关开销信息。
- source：列出相应操作对应的函数名及其在源码中的调用位置（行数）。
- swaps：显示swap交换次数的相关开销信息。

要使用show profile功能，需要先开启profile功能。可以通过设置session级变量profiling（变量默认值是0（OFF））的值为1或者ON来开启profile功能：

```
-- 开启 profile 功能
mysql> set profiling = 1;
```

开启profile功能后，执行SQL语句，然后执行show profiles命令：

```
mysql> show profiles;
+----------+------------+---------------------------------+
| Query_ID | Duration   | Query                           |
+----------+------------+---------------------------------+
|        1 | 0.00123575 | select * from t limit 10        |
|        2 | 0.00108750 | select * from t where id = 1    |
|        3 | 0.00088800 | select * from t where id = 2    |
|        4 | 0.00086400 | select * from t where id = 3    |
|        5 | 0.00036025 | SHOW PEOFILES:                  |
|        6 | 0.00034825 | SHOW PEOFILES                   |
+----------+------------+---------------------------------+
6 rows in set, 1 warning (0.00 sec)
```

有了查询的Query_ID之后，再通过show profile for query id语句，就能够查看到对应Query_ID的SQL语句的执行过程中线程的每个状态所消耗的时间：

```
mysql> SHOW PROFILE FOR QUERY 3;
+--------------------------------+----------+
| Status                         | Duration |
+--------------------------------+----------+
| starting                       | 0.000118 |
| Executing hook on transaction  | 0.000013 |
| starting                       | 0.000018 |
| checking permissions           | 0.000014 |
| Opening tables                 | 0.000080 |
| init                           | 0.000017 |
| System lock                    | 0.000028 |
| optimizing                     | 0.000030 |
| statistics                     | 0.000115 |
| preparing                      | 0.000033 |
| executing                      | 0.000034 |
| end                            | 0.000010 |
| query end                      | 0.000010 |
| waiting for handler commit     | 0.000021 |
| closing tables                 | 0.000024 |
| freeing items                  | 0.000293 |
| cleaning up                    | 0.000032 |
+--------------------------------+----------+
17 rows in set, 1 warning (0.01 sec)
```

Duration列表示执行耗时，通过上述每一项指标的详细耗时，可以方便我们快速定位问题。不过遗憾的是，MySQL已经弃用show profile和show profiles语句，在未来版本会删除它们，因此我们可以改用性能模式。接下来演示如何通过MySQL系统库information_schema来查询与show profiles和show profile相当的数据，操作步骤如下：

01 系统库 information_schema 的 setup_actors 表可用于按主机、用户或账户来限制历史事件的收集，以减少运行时开销和历史表中收集的数据量。将历史事件集合限制为运行查询的用户。默认情况下，setup_actors 配置为允许对所有客户端线程进行监听和历史事件收集：

```
mysql> select * from performance_schema.setup_actors;
+------+------+------+---------+---------+
| HOST | USER | ROLE | ENABLED | HISTORY |
+------+------+------+---------+---------+
| %    | %    | %    | YES     | YES     |
+------+------+------+---------+---------+
```

更新setup_actors表中的默认行，禁用所有客户端线程的历史事件收集和监听，并插入一个新行，以启用运行查询的用户的监听和历史事件收集：

```
mysql> UPDATE performance_schema.setup_actors SET ENABLED = 'NO', HISTORY = 'NO'
     WHERE HOST = '%' AND USER = '%';

mysql> INSERT INTO performance_schema.setup_actors
     (HOST,USER,ROLE,ENABLED,HISTORY)
     VALUES('localhost','root','%','YES','YES');
```

setup_actors表中的数据如下：

```
mysql> SELECT * FROM performance_schema.setup_actors;
+-----------+------+------+---------+---------+
| HOST      | USER | ROLE | ENABLED | HISTORY |
+-----------+------+------+---------+---------+
| %         | %    | %    | NO      | NO      |
| localhost | root | %    | YES     | YES     |
+-----------+------+------+---------+---------+
2 rows in set (0.00 sec)
```

02 通过更新setup_instruments表确保启用了statement和stage检测。某些选项可能已默认启用。

```
mysql> UPDATE performance_schema.setup_instruments
     SET ENABLED = 'YES', TIMED = 'YES'
```

```
    WHERE NAME LIKE '%statement/%';

mysql> UPDATE performance_schema.setup_instruments
    SET ENABLED = 'YES', TIMED = 'YES'
    WHERE NAME LIKE '%stage/%';
```

03 确保启用events_statements_*和events_stages_*使用者。默认情况下，某些选项可能已启用。

```
mysql> UPDATE performance_schema.setup_consumers
    SET ENABLED = 'YES'
    WHERE NAME LIKE '%events_statements_%';

mysql> UPDATE performance_schema.setup_consumers
    SET ENABLED = 'YES'
    WHERE NAME LIKE '%events_stages_%';
```

04 执行业务的SQL语句，例如：

```
-- 执行业务SQL语句
mysql> select * from t where id > 3 limit 10;
```

05 通过查询events_statements_history_long表来找到EVENT_ID。此步骤类似于运行show profiles以识别Query_ID。以下查询生成类似于show profiles的输出：

```
mysql> SELECT EVENT_ID, TRUNCATE(TIMER_WAIT/1000000000000,6) as Duration, SQL_TEXT
    FROM performance_schema.events_statements_history_long
WHERE SQL_TEXT like '%3%';
+----------+----------+-----------------------------------------+
| EVENT_ID | Duration | SQL_TEXT
+----------+----------+-----------------------------------------+
|      46 |   0.0012 | select * from t where id > 3 limit 10
+----------+----------+-----------------------------------------+
3 rows in set (0.01 sec)
```

06 使用上述步骤中的EVENT_ID查询events_stages_history_long表，就可以获取业务SQL各阶段的耗时情况，具体如下：

```
mysql> SELECT event_name AS Stage, TRUNCATE(TIMER_WAIT/1000000000000,6) AS Duration
FROM performance_schema.events_stages_history_long WHERE NESTING_EVENT_ID=46;
+----------------------------------------------------+----------+
| Stage                                              | Duration |
+----------------------------------------------------+----------+
| stage/sql/starting                                 |  0.0001 |
| stage/sql/Executing hook on transaction begin.    |  0.0000 |
| stage/sql/starting                                 |  0.0000 |
| stage/sql/checking permissions                     |  0.0000 |
```

```
| stage/sql/Opening tables                          |   0.0001 |
| stage/sql/init                                    |   0.0000 |
| stage/sql/System lock                             |   0.0000 |
| stage/sql/optimizing                              |   0.0000 |
| stage/sql/statistics                              |   0.0002 |
| stage/sql/preparing                               |   0.0000 |
| stage/sql/executing                               |   0.0001 |
| stage/sql/end                                     |   0.0000 |
| stage/sql/query end                               |   0.0000 |
| stage/sql/waiting for handler commit              |   0.0000 |
| stage/sql/closing tables                          |   0.0000 |
| stage/sql/freeing items                           |   0.0002 |
| stage/sql/cleaning up                             |   0.0000 |
+---------------------------------------------------+----------+
17 rows in set (0.00 sec)
```

相对于show profile来说，这种方式似乎更加烦琐，不过performance_schema是MySQL未来性能分析的趋势，提供了非常丰富的性能诊断工具，熟悉performance_schema的使用将有助于更好地优化MySQL。

14.2 慢 SQL 优化

导致慢SQL的原因主要有：

- 表无任何索引。
- 表的索引失效导致慢查询。
- 锁等待。
- 不规范的SQL语句。

接下来，我们将针对上述问题列举一些解决办法。

14.2.1 表无任何索引

使用附录A中的file_million_user.sql文件，创建表five_million_user，并生成500万条数据，表没有创建任何的索引，使用如下语句查询数据：

```
mysql> select id,name from five_million_user where name = '用户姓名4810000';
+---------+-----------------+
| id      | name            |
```

```
+---------+-----------------+
| 4810001 | 用户姓名4810000   |
+---------+-----------------+
1 row in set (6.15 sec)
```

执行上述SQL，总共耗时6.15秒。我们给name字段创建索引，再次执行SQL语句：

```
mysql> select id,name from five_million_user where name = '用户姓名1810000';
+---------+-----------------+
| id      | name            |
+---------+-----------------+
| 1810001 | 用户姓名1810000   |
+---------+-----------------+
1 row in set (0.01 sec)
```

查询性能直接提升百倍以上。需要注意的是，一张表的索引数量不是越多越好。索引太少，会导致查询效率低；索引太多，会导致插入、更新以及删除数据等操作变慢。因此要按需创建索引，既不是宁缺毋滥，也不是宁滥毋缺。对于表无任何索引导致的查询效率低，最好的优化方式就是创建合理数量的索引。

14.2.2　索引失效优化

即使有了索引，也不代表就不会存在慢SQL，因为索引会因为以下各种原因而失效或无法匹配：

- 隐式类型转换。
- 索引字段使用表达式计算。
- 索引字段使用函数。
- 索引字段使用左/左右模糊匹配。
- 组合索引非最左匹配。

1. 隐式类型转换

当查询的字段与数据库定义字段的类型不匹配时，MySQL会尝试进行隐式类型转换。仍然使用附录A中的file_million_user.sql文件，创建表file_million_user，并插入500万条数据。隐式类型转换示例如下：

```
-- file_million_user表结构
CREATE TABLE `five_million_user` (
  `id` int NOT NULL AUTO_INCREMENT COMMENT '主键',
```

14

```
  `name` varchar(50) DEFAULT '' COMMENT '用户名称',
  `email` varchar(50) NOT NULL COMMENT '邮箱',
  `phone` varchar(20) DEFAULT '' COMMENT '手机号',
  `sex` tinyint DEFAULT '0' COMMENT '性别（0-男  ：  1-女）',
  `password` varchar(100) NOT NULL COMMENT '密码',
  `age` tinyint DEFAULT '0' COMMENT '年龄',
  `create_time` datetime DEFAULT CURRENT_TIMESTAMP,
  `update_time` datetime DEFAULT CURRENT_TIMESTAMP,
  PRIMARY KEY (`id`),
  KEY `idx_name` (`name`),
  KEY `idx_phone` (`phone`),
  KEY `idx_age` (`age`)
) ENGINE=InnoDB AUTO_INCREMENT=5000001 DEFAULT CHARSET=utf8mb3 COMMENT='500万用户表';
```

file_million_user表中的phone字段是varchar类型，我们给phone字段创建普通索引idx_phone。执行如下查询语句：

```
-- 查看SQL执行计划，注意查询条件where phone = '18551658712';
mysql> explain select * from zoo.five_million_user where phone = '18551658712';
```

查询到的explain执行计划如图14-3所示。

id	select_type	table	partitions	type	possible_keys	key	key_len	ref	rows	filtered	Extra
1	SIMPLE	five_million_user	NULL	ref	idx_phone	idx_phone	63	const	1	100.00	NULL

图 14-3　explain 执行计划

type=ref表示使用普通索引扫描。如果我们换成如下的查询语句：

```
-- 查看SQL执行计划，注意查询条件where phone = 18551658712;
mysql> explain select * from zoo.five_million_user where phone = 18551658712;
```

查询到的explain执行计划如图14-4所示。

id	select_type	table	partitions	type	possible_keys	key	key_len	ref	rows	filtered	Extra
1	SIMPLE	five_million_user	NULL	ALL	idx_phone	NULL		NULL	4851011	10.00	Using where

图 14-4　explain 执行计划

type=ALL表示全表扫描，不使用索引。原因也很简单，phone字段是varchar类型，MySQL在查询的时候会尝试将字符类型隐式转为数值类型，导致索引失效，最终只能进行全表扫描。因此，在开发SQL的过程中，要特别注意查询字段的类型，细心检查，避免查询的字段与数据库定义的字段类型不一致，出现隐式类型转换。

2. 索引字段使用表达式计算

对索引字段进行表达式计算，会导致索引失效。这里仍然以file_million_user表结构为例，具体示例如下：

```
-- 知识点：\G 表示将查询结果按列打印
mysql> explain select * from five_million_user where age + 2 = 30\G;
*************************** 1. row ***************************
           id: 1
  select_type: SIMPLE
        table: five_million_user
   partitions: NULL
         type: ALL
possible_keys: NULL
          key: NULL
      key_len: NULL
          ref: NULL
         rows: 4514068
     filtered: 100.00
        Extra: Using where
1 row in set, 1 warning (0.00 sec)

ERROR:
No query specified
```

\G表示将查询结果按列打印，横向表格纵向输出，可以将每个字段打印到单独的行。上述SQL中，age字段是索引字段，当对age字段进行表达式计算时，会导致age索引失效，type=all就表示全表扫描。解决的办法是使用其他的写法代替表达式，例如：

```
mysql> explain select * from five_million_user where age = 28\G;
```

3. 索引字段使用函数

对索引字段使用函数，会导致索引失效。这里仍然以file_million_user表结构为例，具体示例如下：

```
-- CHAR_LENGTH用于计算字符长度
mysql> explain select * from five_million_user where char_length(name) = 10\G;
*************************** 1. row ***************************
           id: 1
  select_type: SIMPLE
        table: five_million_user
   partitions: NULL
```

```
        type: ALL
possible_keys: NULL
         key: NULL
...省略代码
```

上述SQL中，字段name是索引字段，当对name字段使用函数char_length计算字符长度时，会导致name字段索引失效。遇到类似的查询场景，可以提前计算每个name字段的长度，作为另外一个字段，又或者把字段name查询出来，在代码层进行长度计算。

4. 索引字段使用左/左右模糊匹配

索引字段使用左/左右模糊匹配，会导致索引失效。这里仍然以file_million_user表结构为例，具体示例如下：

```
-- 左模糊匹配，导致索引失效
mysql> explain select * from five_million_user where name like '%用户姓名'\G;
*************************** 1. row ***************************
          id: 1
  select_type: SIMPLE
        table: five_million_user
   partitions: NULL
         type: ALL
possible_keys: NULL
          key: NULL
...省略代码
-- 左右模糊匹配
mysql> explain select * from five_million_user where name like '%用户姓名%'\G;
*************************** 1. row ***************************
          id: 1
  select_type: SIMPLE
        table: five_million_user
   partitions: NULL
         type: ALL
possible_keys: NULL
          key: NULL
...省略代码
```

5. 组合索引非最左匹配原则

在组合索引中索引列的顺序至关重要。如果不是按照索引的最左匹配原则进行匹配，则无法使用索引。例如，组合索引(x, y, z)（读者可参考6.2.4节内容）：

（1）如果查询条件是where y=2，则无法匹配上组合索引。

（2）如果查询条件是where y=2 and z=3，则无法匹配上组合索引。

14.2.3　使用索引覆盖优化

索引覆盖是MySQL中一种重要的优化技巧，它可以避免在查询时进行回表操作，从而提高查询性能。下面以一个实际例子来说明如何使用索引覆盖优化。

产品中有一张图片表，数据量将近500万条，有一条相关的查询语句，由于该查询语句执行的频率较高，因此想针对此语句进行优化。表结构很简单，具体结构如下：

```
create table product (
  user_id int primary key comment '用户id',
  picname varchar(50) comment '图片名称',
  smallimg varchar(50) comment '小图名称'
);
```

使用如下语句进行查询：

```
-- 通过user_id查询
mysql> select picname, smallimg from pics where user_id = xxx;
```

多次执行上述SQL语句，查询时间平均耗时在50ms左右。使用explain进行分析，该语句使用了user_id的索引，并且是const常数查找，表示性能已经非常好了。

建立一个(user_id,picname,smallimg)的联合索引，再次执行如下语句

```
-- 通过user_id查询
mysql> select picname, smallimg from pics where user_id = xxx;
```

发现SQL平均查询耗时在30ms左右，使用explain进行分析，可以看到使用的索引变成了刚刚建立的联合索引，并且Extra部分显示使用了'Using Index'。

Using Index的意思是“覆盖索引”，它是使上面SQL性能得以提升的关键。一个包含查询所需字段的索引称为“覆盖索引”。MySQL只需要通过索引就可以返回查询所需要的数据，而不必在查到索引之后进行回表操作，减少了IO，提高了效率。

14.2.4　插入性能优化

在讲解批量插入性能优化之前，需要提前准备表和数据，具体的建库和建表SQL语句如下：

```
-- 创建zoo数据库
create database zoo;

-- 表：insert_batch_test
create table insert_batch_test
(
    id  int   not  null comment '主键' primary key,
    name varchar(100) null
) comment '测试insert values';
-- 表：insert_single_test
create table insert_single_test
(
    id  int    not  null comment '主键' primary key,
    name varchar(100) null
) comment '测试insert value插入';
```

提示 表中的数据，读者可到“附录A MySQL数据”中的以下SQL文件中获取：insert_single_test.sql、insert_batch_test.sql以及insert_single_tran_test.sql。

---

1. insert into values(),()...比insert into value()性能更高

MySQL可以使用两种方法批量插入数据。

```
-- 方法一
-- 记录执行时间
SET @start_time = now();
insert into zoo.insert_single_test (id, name) value ( 0, '0');
insert into zoo.insert_single_test (id, name) value ( 1, '1');
...省略代码
insert into zoo.insert_single_test (id, name) value ( 9997, '9997');
insert into zoo.insert_single_test (id, name) value ( 9998, '9998');
insert into zoo.insert_single_test (id, name) value ( 9999, '9999');
    -- 记录执行时间，两次时间相减，就可以得出总耗时
    select timestampdiff(second, @start_time, now());

-- 方法二
insert into zoo.insert_batch_test (id, name)
values( 0, '0'),
      ( 1, '1'),
...省略代码
( 9997, '9997'),
      ( 9998, '9998'),
      ( 9999, '9999');
```

方法一中的SQL存放在/Users/ay/Downloads目录下，文件名称为insert_single_test.sql。方法

二中的SQL也存放在/Users/ay/Downloads目录下，文件名称为insert_batch_test.sql。

使用方法一批量插入1万条数据，耗时3s左右，执行的SQL语句如下：

```
-- 使用source语句，批量执行SQL
mysql> source /Users/ay/Downloads/insert_single_test.sql
```

使用方法二批量插入1万条数据，耗时0.05s，执行的SQL语句如下：

```
-- 使用source语句，批量执行SQL
mysql> source /Users/ay/Downloads/insert_batch_test.sql
Query OK, 10000 rows affected (0.05 sec)
```

读者还可以测试100条、1000条、3000条以及5000条等数据插入的耗时情况，从执行结果可以看出，当插入的数据量越来越大时，使用insert into values(),()...比insert into value()性能更高，原因有以下两点：

- 方法二的插入SQL语句更短，可以减少网络传输的IO。
- 方法二可以减少SQL语句解析的操作，只需要解析一次就能进行数据的插入。

2. 在事务中插入数据

方法一不开启事务，批量插入1万条数据；方法二开启事务，也是批量插入1万条数据。具体SQL语句如下：

```
-- 方法一
SET @start_time = now();
insert into zoo.insert_single_test (id, name) value ( 0, '0');
insert into zoo.insert_single_test (id, name) value ( 1, '1');
...省略代码
insert into zoo.insert_single_test (id, name) value ( 9997, '9997');
insert into zoo.insert_single_test (id, name) value ( 9998, '9998');
insert into zoo.insert_single_test (id, name) value ( 9999, '9999');
   select timestampdiff(second, @start_time, now());
-- 方法二
-- 开启事务
set @start_time = now();
begin;
insert into zoo.insert_single_test (id, name) value ( 0, '0');
insert into zoo.insert_single_test (id, name) value ( 1, '1');
...省略代码
insert into zoo.insert_single_test (id, name) value ( 9997, '9997');
insert into zoo.insert_single_test (id, name) value ( 9998, '9998');
```

```
insert into zoo.insert_single_test (id, name) value ( 9999, '9999');
-- 提交事务
commit;
select timestampdiff(second, @start_time, now());
```

仍然使用source命令执行上述两种插入SQL语句，方法一耗时3s左右，方法二耗时1s左右。方法二比方法一的耗时短的原因是方法一每次插入一条数据都会自动开启事务，执行insert语句，最后关闭事务；方法二通过手动开启事务，再手动提交事务，因此执行效率比方法一高。

3. 批量插入顺序优化

```
-- 方法一
insert into zoo.insert_single_test (id, name) value ( 0, '0');
insert into zoo.insert_single_test (id, name) value ( 1, '1');
insert into zoo.insert_single_test (id, name) value ( 2, '2');
insert into zoo.insert_single_test (id, name) value ( 3, '3');
insert into zoo.insert_single_test (id, name) value ( 4, '4');
insert into zoo.insert_single_test (id, name) value ( 5, '5');
...省略大量SQL语句...

-- 方法二
insert into zoo.insert_single_test (id, name) value ( 0, '0');
insert into zoo.insert_single_test (id, name) value ( 1, '1');
insert into zoo.insert_single_test (id, name) value ( 3, '3');
insert into zoo.insert_single_test (id, name) value ( 5, '5');
insert into zoo.insert_single_test (id, name) value ( 4, '4');
insert into zoo.insert_single_test (id, name) value ( 2, '2');
...省略大量SQL语句...
```

上述SQL中，id是表insert_single_test的主键，方法一插入的数据是有顺序的，而方法二插入的数据是无序的，方法一的执行效率高于方法二，所以工作中推荐使用方法一来插入数据。

14.2.5　优化select count(*)

使用select count(*)可以统计表中的行数，但是在实际使用中，需要注意以下几点：

（1）尽可能限制结果集的范围：在使用select count(*)时，需要注意查询的结果集的范围，尽可能限制查询的范围。例如，可以使用where子句来限制查询的条件，或者使用limit子句来限制查询的结果集大小，这样可以减少查询的开销。

（2）避免在大表上使用select count(*)：在大表上使用select count(*)可能会导致性能问题，因为它需要扫描整张表来计算行数。如果需要查询大表的行数，可以考虑使用其他方法，例如使用show table status命令查询表的状态信息。假设有一张名为employees的表，包含员工的姓名、工号、职位等信息，我们可以使用show table status命令来查看该表的状态信息：

```
-- 查询表信息
mysql> show table status like 'employees';
```

这条命令会返回一个表格，其中包含了employees表的各种信息，例如表的名称、引擎类型、行数、平均行长度、数据大小、索引大小等

（3）考虑使用缓存：在高并发的应用中，使用select count(*)可能会对数据库造成较大的负载，可以考虑使用缓存来减少数据库的访问次数，例如使用Memcached、Redis等内存缓存系统。

（4）避免在事务中使用select count(*)：在事务中使用select count(*)可能会导致锁表，因为它需要对整张表进行扫描。如果需要在事务中统计行数，可以考虑使用其他方法，例如记录表的行数或者使用其他数据结构来记录数据。

最后给读者一个统计行数的效率排序：count(字段)<count(主键 id)<count(1)≈count(*)，所以count(1)和count(*)查询效率是差不多的。

14.2.6　select*语句优化

当我们需要从MySQL数据库中获取数据时，select语句是必不可少的，而在使用select语句时，有一种常见的写法是使用select*来选择所有列。但是，select*并不总是最佳的选择，使用MySQL中的select*语句来查询所有的列存在以下几个问题：

（1）性能问题：使用select*语句会查询所有的列，而有些列可能是不需要的或者很少用到的，这样会浪费系统资源，降低查询性能。

（2）可读性问题：select*语句会返回所有的列，这可能会导致返回结果的字段顺序和我们期望的不同，使结果难以理解和分析。

（3）维护问题：使用select*语句不仅会降低查询性能，还会增加代码维护的难度。因为表结构可能会随时更改，新加入的列可能会影响我们的查询结果，从而导致代码出错。

（4）安全问题：使用select*语句可能会返回敏感信息，因为可能存在一些列包含敏感数据，如密码、信用卡号等。

因此，建议在MySQL中尽可能使用select column_name, column_name2 ...语句，仅查询需

要的列，而不是使用select*语句。这样可以提高查询性能，降低系统资源的使用，增加代码可读性和可维护性，同时也可以避免暴露敏感信息。

14.3 字符集

MySQL 8支持多种字符集，它们决定了数据库和表中的字符、字符串的编码方式。正确选择和使用字符集对于确保数据在各种环境下正确地存储和传输至关重要。本节将介绍MySQL 8中的字符集及其使用。

14.3.1 字符集概述

MySQL 8支持的字符集可分为三类：单字节字符集（Latin1）、多字节字符集（UTF-8、UTF-16、UTF-32）和国际化字符集（GBK、BIG5、EUC-JP等）。

其中，单字节字符集只能处理单个字节的字符，多字节字符集能处理多个字节的字符，国际化字符集是指用于不同地区和语言的字符集。

在MySQL中，可以对每个数据库、表和列使用不同的字符集。如果没有为数据库、表和列指定字符集，则会使用MySQL服务器的默认字符集。

关于MySQL 8中常见的字符集，读者可参考“附录B　词汇解释”。

14.3.2 设置适当的字符集

在MySQL 8中，有多种字符集可供选择。选择适当的字符集取决于数据中使用的语言和字符类型。以下是选择字符集时的一些最佳实践：

（1）对于大多数情况，建议使用UTF-8字符集。UTF-8支持大多数语言和字符，并且与现代Web技术兼容。UTF-8也是MySQL8的默认字符集。utf8mb4 是 MySQL 8 推荐使用的字符集，它支持包括 Emoji 表情在内的所有 Unicode 字符。

（2）如果只需要处理ASCII字符，则可以使用单字节字符集，如Latin1。

（3）如果数据仅用于特定语言或区域，则可以选择国际化字符集，如GBK、BIG5、EUC-JP等。

14.3.3　设置默认字符集

在MySQL 8中，可以设置默认字符集。默认字符集会应用于新创建的数据库、表和列。可以通过以下两种方法设置默认字符集：

（1）在启动MySQL时，使用以下命令设置默认字符集：

```
mysqld --character-set-server=utf8mb4
```

（2）在SQL语句中设置字符集。在创建数据库、表和列时，可以指定字符集，例如：

```
-- 创建数据库，并指定字符集和排序规则
mysql> create database mydatabase character set utf8mb4 collate utf8mb4_0900_ai_ci;
-- 创建表，并指定字符集和排序规则
mysql> create table mytable (id int, name varchar(50)) character set utf8mb4 collate
utf8mb4_0900_ai_ci;
-- 给字段指定字符集
mysql> alter table mytable modify name varchar(50) character set utf8mb4;
```

14.3.4　转换字符集

在MySQL 8中，可以将数据从一种字符集转换为另一种字符集。字符集转换需要处理数据中的每个字符，并且可能会导致数据损失或不一致。以下是字符集转换的最佳实践：

（1）在读取和写入数据时，始终使用相同的字符集。这可以防止字符集转换并确保数据的一致性。

（2）如果需要将数据从一种字符集转换为另一种字符集，那么应使用MySQL提供的内置函数，例如可以使用convert函数将数据从GBK转换为UTF-8：

```
mysql> select convert(mytext using utf8mb4) from mytable;
```

（3）字符集转换可能会导致数据损失或不一致，因此在转换字符集之前，应确保备份数据。

附录A MySQL数据

从下载文档中的/use_mysql_like_programmer文件夹中找到对应的SQL文件名，使用MySQL客户端工具执行对应的SQL语句。MySQL学习数据如表A-1所示。

表 A-1 MySQL 学习数据

数 据	SQL 文件	备 注
中国省市区数据	province.sql city.sql district.sql	省份数据 城市数据 地区数据
编程大赛评分数据		
用户数据	sys_user.sql	用户数据（500 条+）
简单的分页数据	page_data.sql	分页数据
学生成绩表	student_score.sql	学生数据
商品表	products.sql	商品数据
员工薪资表	staff_salary	员工薪资数据
生成 500 万条用户数据	file_million_user.sql	500 万条用户数据
生成 500 万条数字数据	file_million_num.sql	500 万条数字数据，可用于测试最左匹配原则
教务管理系统		
插入 SQL 性能测试	insert_single_test.sql insert_batch_test.sql insert_single_tran_test.sql	用于批量插入 SQL 性能测试

附录B 词 汇 解 释

- DDL：英文全称为Data Definition Language，即数据定义语言，它用来定义我们的数据库对象，包括数据库、数据表和列。通过使用DDL，我们可以创建、删除和修改数据库和表结构。
- DML：英文全称为Data Manipulation Language，即数据操作语言，我们用它操作和数据库相关的记录，比如增加、删除、修改数据表中的记录。
- DCL：英文全称为Data Control Language，即数据控制语言，我们用它来定义访问权限和安全级别。
- DQL：英文全称为 Data Query Language，即数据查询语言，我们用它来查询想要的记录，它是SQL语言的重中之重。在实际的业务中，我们绝大多数情况都是在和查询打交道，因此学会编写正确且高效的查询语句是学习的重点。
- Spring框架：Spring是一个轻量级的控制反转（IoC）和面向切面（AOP）的容器框架。
- MVCC：全称为Multi-Version Concurrency Control，即多版本并发控制，主要的作用是在实现可重复读的同时，避免了在读的时候加锁，只有在写的时候才进行加锁，从而提高了系统的性能。核心是通过引入版本或者视图来实现的。
- CRUD操作：是指在做计算处理时的增加（Create）、读取（Read）、更新（Update）和删除（Delete）操作。
- Java：Java是一种编程语言，被特意设计用于互联网的分布式环境。Java具有类似于C++语言的“形式和感觉”，但它比C++语言更易于使用，而且在编程时彻底采用了一种“以对象为导向”的方式。
- Latin1字符集：Latin1是最常见的字符集之一，也称为ISO-8859-1。它可以存储大部分西欧语言中的字符，如英语、德语和法语等。Latin1只支持单字节编码，因此不支持存储Unicode字符。
- UTF-8字符集：UTF-8是一种可变长度的Unicode编码，可以用1到4个字节来表示一个字符。UTF-8支持存储世界上几乎所有的字符，包括ASCII、拉丁字母、中文、日文、韩文等字符。在MySQL 8中，UTF-8是最常用的字符集之一。

- UTF-16字符集：UTF-16是一种Unicode编码，它使用16位编码，可以表示世界上所有的字符，包括较少使用的字符。UTF-16需要2个或4个字节来表示一个字符。在MySQL 8中，UTF-16使用得较少。
- UTF-32：UTF-32是一种Unicode编码，使用32位编码，可以表示世界上的所有字符。UTF-32需要4个字节来表示一个字符，在MySQL 8中也使用得较少。
- GBK：GBK是国标编码，是中华人民共和国推出的国家标准编码。GBK编码可以表示中国大陆地区常用的汉字，包括繁体汉字和部分生僻字。在MySQL 8中，GBK是常见的字符集之一。
- BIG5：BIG5是台湾地区的一个字符集，用于表示繁体中文字符。它与GBK不兼容，因为它们的字符集范围不同。在MySQL 8中，BIG5用于表示台湾地区的繁体中文字符。
- EUC-JP：EUC-JP是一种字符集，用于表示日语。它与GBK和BIG5不兼容。在MySQL 8中，EUC-JP用于表示日语字符。

附录C　MySQL高频面试题

1. 简述事务的四大特性。

答案：参考“7.1　事务的4大特性”的内容。

2. 简述事务的4种隔离级别。

答案：参考“7.3　事务的4种隔离级别”的内容。

3. 如何定位慢SQL，如何进行慢SQL性能优化？

答案：参考第14章的内容。

4. 什么是最左匹配原则？

答案：参考“6.2.4　普通的组合索引”的内容。

5. 什么情况下会出现脏读、不可重复读、幻读，如何解决？

答案：参考“7.3　事务的4种隔离级别”的内容。

6. MySQL有哪些日志？

答案：参考“11.1　MySQL的几种日志”的内容。

7. drop、delete与truncate有什么区别？

答案：参考“2.2.4　慎重删除表和数据”的内容。

8. 简述char和varchar类型。

答案：参考“3.3.1　char和varchar类型”的内容。

9. MySQL的内连接、左连接、右连接有什么区别？

答案：参考“5.8　连接查询”的内容。

10. 数据表的三大范式是什么？

答案：参考“10.3　数据表设计三范式”的内容。

11. 简述MySQL的explain执行计划？

答案：参考“14.1.1　explain执行计划”的内容。

12. 索引是不是建得越多越好呢？

答案：一张表的索引数量，不是越多越好。索引太少，会导致查询效率低；索引太多，会导致插入、更新以及删除数据等操作变慢，要按需创建索引，既不是宁缺毋滥，也不是宁滥毋缺。

13. 什么是MySQL间隙锁？

答案：参考“12.5.2　间隙锁与临键锁”的内容。

14. 什么是意向锁？

答案：参考“12.4.3　意向锁”的内容。

15. int(5)和varchar(10)的区别是什么？

答案：int(5)是一个整数类型，它可以存储从−2147483648～2147483647的整数。其中的数字5只是用来指定显示宽度，它并不影响存储范围，因为int类型始终占用4字节的存储空间。

varchar(10)是一个字符串类型，它可以存储最多10个字符的可变长度字符串。如果插入的字符串长度小于10，那么该字段将只占用实际插入的字符数的存储空间。如果插入的字符串长度大于10，则会截断到10个字符。

因此，int(5)和varchar(10)之间的主要区别在于它们可以存储的数据类型和存储方式。int(5)适用于存储整数，而varchar(10)适用于存储字符串。同时，int(5)始终占用4字节的存储空间，而varchar(10)占用的存储空间则取决于实际插入的数据。

16. MySQL的乐观锁和悲观锁是什么，如何实现乐观锁？

答案：参考“12.6　悲观锁和乐观锁”的内容。

17. 为什么要分库分表？分库分表数据分片规则是什么？

答案：参考第13章的内容。

18. Bin Log、Redo Log、Undo Log是什么？

答案：参考第11章的内容。

19. MySQL的存储引擎有哪些？它们之间有什么区别？

答案：InnoDB和MyISAM是MySQL数据库中最常用的两种存储引擎，它们有以下区别：

- 事务支持：InnoDB支持事务处理，而MyISAM不支持事务处理。
- 锁定机制：InnoDB采用行级锁定，而MyISAM采用表级锁定。行级锁定只锁定需要修改的行，而表级锁定会锁定整张表。
- 外键支持：InnoDB支持外键约束，而MyISAM不支持。
- 缓存索引：InnoDB在缓存索引方面比MyISAM更好，因为它采用了缓存池机制，可以自动调整内存的使用。
- 性能：在大多数情况下，MyISAM比InnoDB更快，特别是对于读操作。但是，当有大量的并发写操作时，InnoDB表现更好，因为它采用了行级锁定。

综上所述，InnoDB和MyISAM各有优缺点，开发人员需要根据自己的需求选择合适的存储引擎。如果需要支持事务处理和外键约束，则应选择InnoDB。如果需要更快的读操作，而并发写操作较少，则应选择MyISAM。

20. 如何使用MySQL实现主从复制？

答案：参考“11.9　主从模式与主从同步”的内容。

21. 请介绍一下MySQL中的索引，包括B树索引和哈希索引。

答案：参考https://time.geekbang.org/column/article/69236。

C

22. 什么是视图？视图有什么作用？

答案：参考“8.1　视图”的内容。

23. 什么是存储过程？存储过程有什么作用？

答案：参考“8.2　存储过程”的内容。

24. 什么是脏读？什么是不可重复读？什么是幻读？

答案：参考“7.3　事务的4种隔离级别”的内容。

附录D 练 习 题

1. 请在自己的计算机上安装MySQL服务器以及Workbench客户端。

2. 请动手创建一个名为learning的数据库，创建完成后更新数据库名称为learning_test，最后删除该数据库。

3. 请动手创建一个名为system的数据库，并在system数据库中创建一张名为user的表，user表中创建人员的相关信息，至少包含姓名、年龄、性别、国籍、手机号码、邮箱、创建时间、创建人以及籍贯。

4. 请列出至少3条建表规范。

5. 请创建一张名为student的表，包含以下字段：id（整数类型，主键）、name（字符串类型）、age（整数类型）、sex（字符串类型）。向student表中插入一条记录，包括id、name、age和sex字段的值。

6. 请写出SQL语句，从student表中查询所有记录。

7. 请写出SQL语句，从student表中查询年龄大于18岁的学生记录。

8. 请写出SQL语句，从student表中查询名字以“张”开头的学生记录。

9. 请写出SQL语句，更新student表中id为1的记录的名字为“李四”。

10. 删除student表中id为2的记录。

11. 创建一张名为course的表，包含以下字段：id（整数类型，主键）、name（字符串类型）、teacher（字符串类型）。

12. 向course表中插入两条记录，包括id、name和teacher字段的值。

13. 请写出SQL语句，从course表中查询所有记录。

14. 请写出SQL语句，从course表中查询教师名字为“张三”的课程记录。

15. 请写出SQL语句，更新course表中id为1的记录的课程名为“数学”。

16. 请写出SQL语句，删除course表中id为2的记录。

17. 创建一张名为score的表，包含以下字段：id（整数类型，主键）、student_id（整数类型，外键，关联student表的id字段）、course_id（整数类型，外键，关联course表的id字段）、score（整数类型）。

18. 向score表中插入一条记录，包括student_id、course_id和score字段的值。

19. 请写出SQL语句，从score表中查询所有记录。

20. 请写出SQL语句，从score表中查询某个学生的所有成绩记录。

21. 请写出SQL语句，从score表中查询某门课程的所有成绩记录。

22. 请写出SQL语句，更新score表中student_id为1、course_id为1的记录的成绩为95。

23. 请写出SQL语句，删除score表中id为2的记录。

24. 请写出SQL语句，使用join操作，查询学生表student和课程表course中的学生姓名、课程名称和成绩。

25. 请写出SQL语句，使用group by和count函数查询每门课程的学生人数。

26. 请写出SQL语句，使用order by按照学生年龄降序排列，查询student表中的所有记录。

27. 请写出SQL语句，使用limit语句查询前5条记录。

28. 请写出SQL语句，使用distinct关键字查询student表中所有不重复的年龄记录。

29. 请写出SQL语句，使用like模糊查询，查询名字中包含“王”的学生记录。

30. 请写出SQL语句，使用concat函数查询student表中每个学生的名字和年龄，并将它们合并为一个字符串。

31. 请给student表的name字段创建索引。

32. 请给score表的student_id和course_id字段创建一个组合索引。

33. 请描述事务的四种隔离级别，不同隔离级别都有哪些问题？

34. 使用“附录A　MySQL数据”中的file_million_user.sql文件创建500万条数据。

35. 请写出SQL语句，创建一个名为system的数据库，并给数据库创建用户developer，密码为123qweasd。

36. 请写出SQL语句，备份system数据库。

37. 模型之间存在哪些关联关系？对于每一种关联关系，联想生活场景进行举例。

38. 设计一个E-R模型图来描述学生和课程之间的关系。学生有学号、姓名、年龄等属性，课程有课程号、课程名称、学分等属性。学生可以选修多门课程，一门课程可以有多个学生选修，学生和课程之间有选修关系，并且想要记录学生在每门课程中的成绩。

提示 可以考虑以下实体和关系：学生（Student）、课程（Course）、选修（Enrollment）、成绩（Grade）。

39. 创建一个简单的视图，并使用它查询数据。

40. 创建和调用一个存储过程，并在其中使用输入参数和输出参数。

41. 解释MySQL中共享锁和独占锁的区别。

42. 编写一条MySQL查询，使用FOR UPDATE子句在表中的特定行上应用独占锁。

43. 描述在MySQL中使用SELECT ... FOR UPDATE和SELECT ... FOR SHARE语句时，在事务内的行为，并解释何时应使用何种类型的锁。

44. 导致索引失效的原因有哪些，请举例说明。

45. 如何查看SQL执行计划，请举例说明。

46. 分析并优化一个复杂查询的执行计划，包括使用explain语句解释查询计划、识别慢查询和瓶颈，并提出优化建议。

47. 描述水平分表和垂直分表的区别，并举例说明它们在MySQL中的应用场景。

48. 解释MySQL中的分库分表路由策略，并讨论其优缺点。

49. 编写一条复杂的SQL查询，包括多表连接、子查询和聚合函数，并提供优化方案，改进其性能。

50. 如何在MySQL中创建一个使用指定字符集的数据库？包括创建数据库时指定字符集和修改数据库字符集的方法。

参 考 文 献

[1] https://dev.mysql.com/doc/refman/8.0/en/

[2] https://baike.baidu.com/item/mySQL/471251?fr=aladdin

[3] https://www.jetbrains.com/datagrip/

[4] https://dev.mysql.com/doc/refman/8.0/en/alter-table.html

[5] https://dev.mysql.com/doc/refman/8.0/en/mysqldump.html

[6] https://dev.mysql.com/doc/refman/8.0/en/built-in-function-reference.html

[7] https://dev.mysql.com/doc/refman/8.0/en/loadable-function-reference.html

[8] https://generatedata.com/

[9] Ben Forta.MySQL必知必会[M]. 北京：人民邮电出版社，2009.1

[10] https://dev.mysql.com/doc/refman/8.0/en/group-by-modifiers.html

[11] https://dev.mysql.com/doc/refman/8.0/en/optimization-indexes.html

[12] https://dev.mysql.com/doc/refman/8.0/en/create-index.html

[13] 杨冠宝. 阿里巴巴Java开发手册[M]. 北京：电子工业出版社，2018.1

[14] https://time.geekbang.org/dailylesson/detail/100044045